図解即戦力

豊富な図解と丁寧な解説で、
知識0でもわかりやすい！

UMLのしくみと実装がしっかりわかる教科書

これ1冊で

株式会社フルネス
尾崎惇史
Atsushi Ozaki

技術評論社

はじめに

オブジェクト指向はシステム開発において一般的で実用的な技術であるといえます。実際にシステムのソフトウェアを開発する際に用いられるプログラミング言語の多くがオブジェクト指向をサポートしています。更に、オブジェクト指向はシステム開発に特化した技術ではなく、一般的な考え方としても優れています。

このオブジェクト指向を表現・説明する方法であるUMLを学ぶことは、システムの開発を助けることは勿論、物事を整理して考える上で役に立つ普遍的で素晴らしい知恵であるといえます。

本書は基本的にUML初学者を対象にしております。

情報系の学部の入学した大学生や専門学校生、またはこれからシステムエンジニアとして働き始める新社会人、UMLを初めて業務で扱うことになったシステム開発や運用に携わる社会人などが、学べるように執筆いたしました。

近年、YouTubeなどに学習コンテンツは豊富にあり、UMLについて解説しているものもあります。ただ、日本語でOMGが定義するUMLの全貌を体系的に網羅しているものはあまり見られません。初学者は個別について詳しく学ぶより、まずは全貌を掴むことで、適切なUMLを選択し利用できるようになると考えます。本書のUMLについての内容は、UMLの全体像を大まかにこの一冊で把握できるようにと執筆しました。

また、私は現在、研修講師としてIT企業の新入社員研修に多数登壇しております。そこで取り扱うような知見なども盛り込み、UMLの背景技術や利用の形なども紹介しております。

これからITの技術を学ぶ皆様の一助になれればと思い執筆いたしましたので、役立てて頂けますと幸いです。

2022年5月25日　著者

目次　Contents

1章

UMLの基礎知識

2章

オブジェクト指向

3章

UMLの全体像

4章
UMLにおける構造図の基本文法

5章

UMLにおける振る舞い図の基本文法

6章

UMLにおける相互作用図の基本文法

7章
開発の標準化

8章
要件定義におけるUMLの作成

9章
設計におけるUMLの作成

10章
製造／試験におけるUMLの活用

Appendix

1章

UMLの基礎知識

UMLはシステムの開発の現場においてもよく用いられている技法です。更に、近年ではシステム開発に止まらず、ビジネスのモデリングにも活用されています。UMLは単なるシステムについての図の表記技法ではなく、物事を抽象的にとらえ本質を理解することを助ける有用なツールです。この章ではUMLの基礎知識について説明します。

01 概要
～UML（統一モデリング言語）とは～

システムを分かりやすく表現するためのツールであるUMLについて説明していきます。ここではUMLがどのようなものであるか学んでいきましょう。

UMLとは

UMLは“Unified Modeling Language”の略で、日本語では**統一モデリング言語**と呼ばれています。システムを開発するにあたり、システムを分かりやすく表現できる図が求められます。UMLはこの図をシステムに関わる皆が共通のルールを持って作成するために開発されました。

つまり、UMLとは、共通のルール（統一）で、分かりやすく表現する（モデリング）ための図（言語）という意味です。

■ みんながシステムを理解することができる

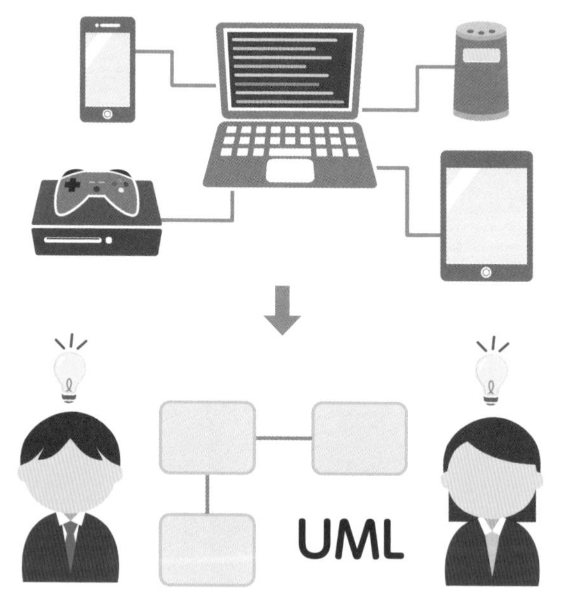

UMLの例

UMLは、言語（Language）とはいうものの、図のことです。ここでいう言語とは、ある一定のルールで記号を用いて意味を表すもののことです。よって広い意味では図もそれに含まれます。

それでは、UMLの図とは具体的にどのようなものなのでしょうか。UMLの図にはいくつか種類があるのですが、ここでは、代表的なUMLの図であるユースケース図を紹介します。

例えばシステムを開発するにあたり、システムにどのような機能があって、それらの機能を誰が使えるのかを定める必要があります。細かい図の読み方は後の章で説明しますが、下の図からはパッと見て3つの機能があり、ユーザAは上2つの機能が使えて、ユーザBからは下2つの機能が使えることが分かると思います。このように、**図にすると分かりやすく必要な情報を伝えること**ができます。このような分かりやすい図を、共通のルールのもと、使っていくのがUMLです。

■ システムの使い方をモデリング（ユースケース図）

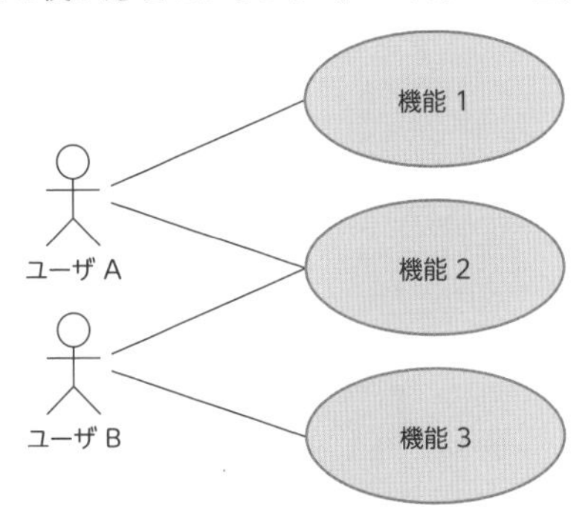

まとめ

- **UMLとは皆が共通ルールで使えるシステムを分かりやすく表現する図**

02 歴史 ～UMLの起こり～

UMLの利用者は、共通ルールに基づいて、図を用いることができます。ここでは、どのようにUMLの共通ルールが作られていったのか、学んでいきましょう。

開発方法論の提唱

1960年代後半ごろから、コンピュータなどのハードウェアの進歩に伴い、高度な業務を実現する大規模なシステムの開発が可能になってきました。こういった大規模なシステムの開発は、その構造の複雑さや規模の大きさから非常に高い開発技術が求められました。しかし、高い開発技術を持った職人のような人材は多くはいないため、大規模で品質の高いシステムの開発は非常に困難でした。

そこで、**どのように開発していけば品質の高いシステムを開発することができるのか？という開発方法論**を作り、啓蒙していくことで、多くの人が大規模なシステムの開発に関わることができると考えられました。このため、システムを開発するための様々な開発方法論が提唱されていきました。

■ 開発方法論の利点

開発方法論の乱立

多くの人がシステムの開発に携われるように、様々な開発方法論が提唱されていきました。しかしながら、多数の開発方法論が提唱されていき、それぞれ用語などが異なって定義されたり、同じ用語でも開発方法論によって意味が違ったりしてしまい、多くの混乱ももたらしました。

例えば、あるひとつの開発方法論では、システムの作り方を考える作業を「設計」と定義するのに対して、別の開発方法論では「方式策定」などと定義されていると、別の開発方法論を学んだ作業者同士で意図が通じなくなってしまいます。また、あるひとつの開発方法論では、「テスト」というとシステムが期待する通りに動くかどうかを確認する作業を指すと定義し、別の開発方法論ではシステムが期待する通りに動くかどうかのチェックシートの紙を指すと定義された場合、別の開発方法論を学んだ作業者同士で誤解が生じる可能性があります。

このように開発方法論の乱立がシステム開発の質を落としてしまうという課題を生んでしまいました。

■ 開発方法論の乱立問題

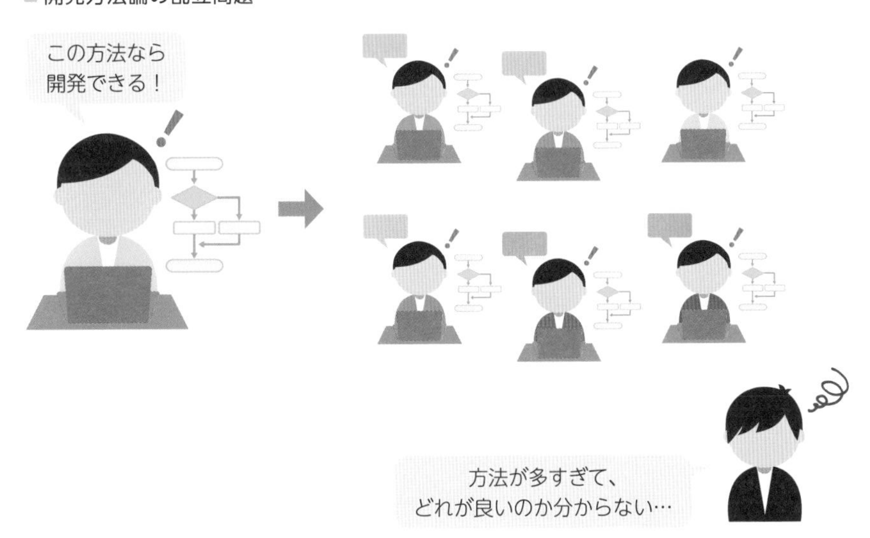

オブジェクト指向の提唱

大規模なシステムの開発が可能になり、システムが社会に求められる役割はどんどん高度なものになっていきました。そこで、人間が行っていた複雑な業務をもシステムに置き換えるような高度な開発も行われるようになりました。複雑な業務をシステム化するためには複雑なアルゴリズムが必要になり、それを実現するシステムのプログラムはどんどん複雑になっていってしまいました。

そこで用いられた考え方がオブジェクト指向です。オブジェクト指向では、システム化したい業務に登場するモノ・コトをオブジェクトとして捉え、そのままプログラムにしていきます。このようにすることで、複雑なアルゴリズムが書かれたプログラムが少なくなり、また、実際の業務に近い形のプログラムになるので、**分かりやすくメンテナンス性も高いプログラムを実現**することができます（オブジェクト指向については2章でより詳しく説明します）。

■ オブジェクト指向を用いた業務のシステム化

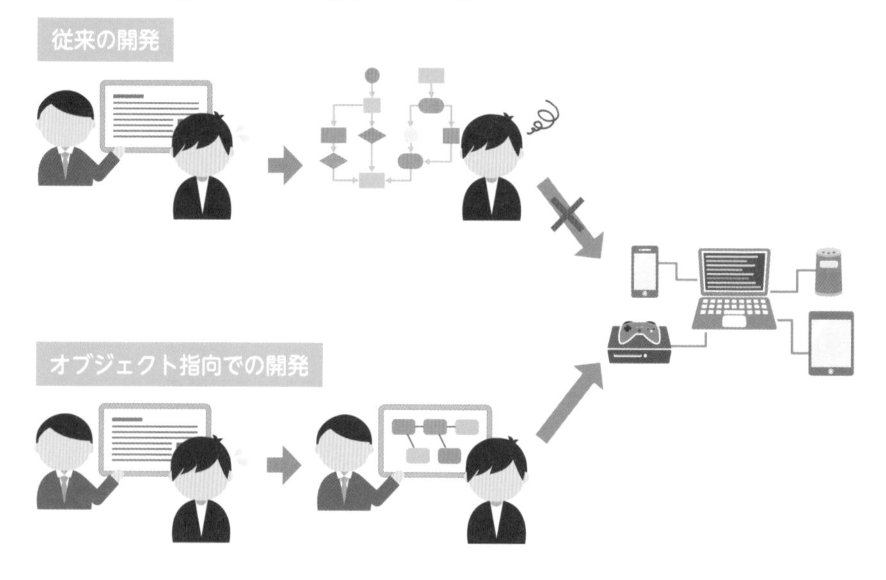

UMLの提唱

システムの複雑化に伴い、オブジェクト指向を用いた開発方法論もいくつか提唱されてきました。代表的なものにグラディ・ブーチのBooch法、イヴァー・ヤコブソンのOOSE法、ジェームズ・ランボーのOMT法などがありました。しかし、こちらも先の説明の通り、方法論が乱立し混乱をもたらしました。そこで、上記の3人を中心に共通の開発方法論が作られました。そして、システムの共通の表現方法としてUMLが作られました。この3人はスリー・アミーゴスと呼ばれます。

こうして、**オブジェクト指向の開発方法論における表記方法**としてUML0.9が提唱されました。その後、スリー・アミーゴスと複数の企業を中心にOMGという標準化団体が作られ、UML1.1が標準として採択されました。

■ UMLが標準として採択される流れ

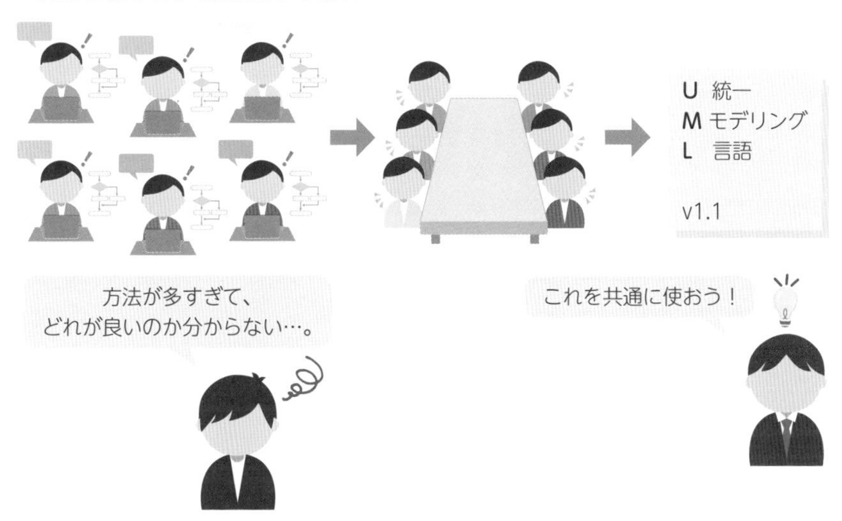

まとめ

- 複雑なシステム開発のために、開発方法論が生まれた
- オブジェクト指向が用いられ、その開発方法論からUMLが生まれた

03 バージョンアップ ～UMLの改善～

UMLは提唱されてから、どんどん改善されてきており、バージョンアップを続けています。ここではUMLの大まかなバージョンアップについて学びましょう。

より使いやすく効果的なUMLへ

UMLは提唱後もどんどん改善が行われています。OMGが管理するUMLのバージョンは1.1からはじまりましたが、現在の最新のバージョンは2.5です。より様々な状況に対応できるように、より分かりやすくモデリングできるように、より誤解が無くなるように、とルールが改善されてきました。

■UMLの変遷

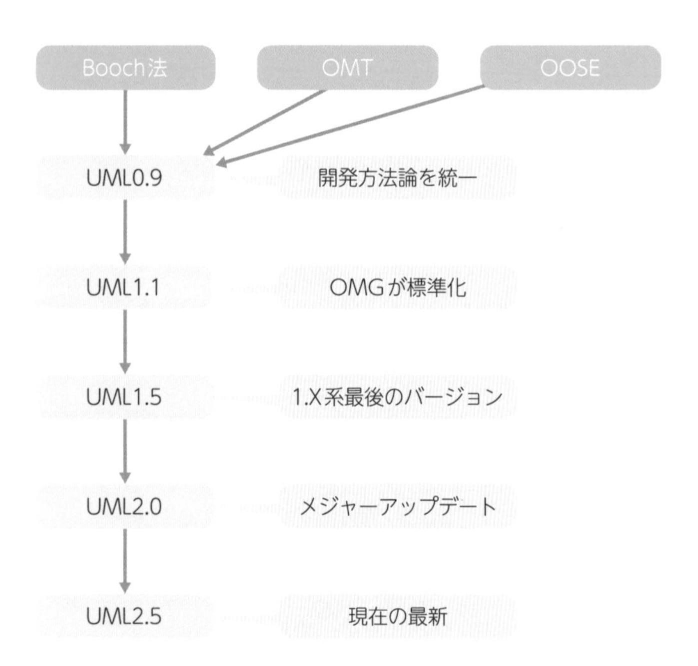

UML1.5

UML1.1が提唱されて以降、UML1.5までマイナーアップデートが行われました。その間に、UMLはシステム開発手法から独立した図の作成技法として標準化されました。また、用語や記号、説明書などが整理され、改善されてきました。

次のバージョンのUML2.0はメジャーアップデートなため、現在もUML1.5が採用されていることもあります。

UML2.0

UMLが普及し、その利便性からシステム開発だけにとどまらず、プロジェクトの企画など、より上流の工程やビジネスモデルの定義などにも利用されるようになってきました。そういった需要に対応する目的もあり、図の種類も9種類から15種類に分類されるようになりました。

UML2.5

UMLの利用範囲が広くなったことで、図の種類も増えて複雑化してしまいました。そこで、改めてUML自体のドキュメントやUML自体を定義するメタモデルが整備されました。

現在（2022年）のUMLの最新のバージョンはUML2.5です。また、派生形としてシステム開発に特化したSysMLなども生まれています。

■様々な状況で活躍するUML

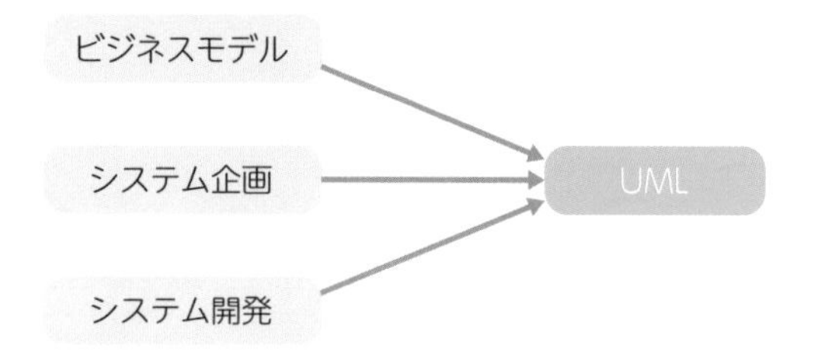

04 モデリング
～UMLの根底となる考え方～

UMLの目的はシステムなどをモデリングすることです。物事を抽象的に捉えることであるモデリングについて学んでいきましょう。

目的に合わせて分かりやすく表現するモデリング

UMLはモデリングを行う言語です。モデリングとは物事を抽象的にすることですが、ここではモニタリングについて、もう少し詳しく説明していきます。

例えば、「品川から新宿に電車で移動したい」という人がいるとします。移動するために、移動経路の情報が必要なのですが、品川から新宿までのエリアが詳細に記載された地図では情報が多すぎます。電車での移動に絞った場合、詳細な地形の情報を知る必要はありません。よって、必要な情報を強調し、更に地図を抽象化した図の方が良いです。さらに、品川から新宿までは山手線一本で行けるので、山手線の外回りの路線図があれば十分です。

モデリングとは抽象化することですが、このように**目的に合わせて不要な情報**を削り、分かりやすく表現することともいえます。

■ 電車移動のために地図をモデリングした路線図

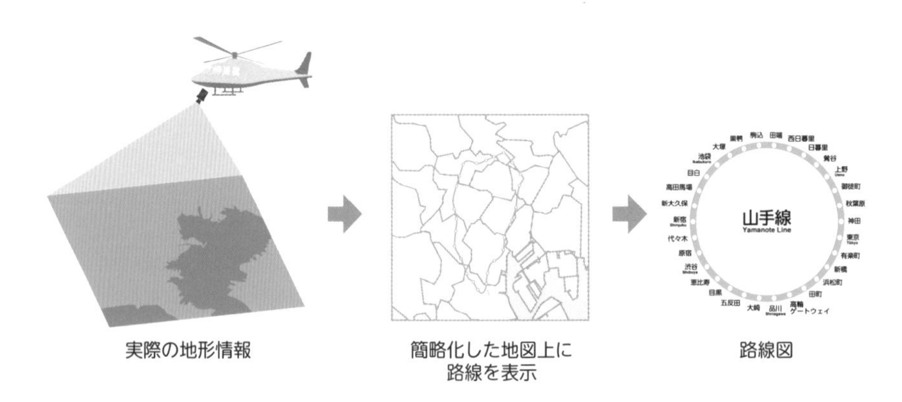

システムのモデリング

モデリングとは物事を抽象化して分かりやすく表現することでした。それでは、システムをモデリングするとはどういうことでしょうか？

モデリングを行うためには、まずモデリングを行う目的が必要です。よって、まずシステムをモデリングする目的を考えます。システムをモデリングする目的は様々なものが想定できますが、主には次の2つが考えられます。

・顧客にシステムの概要を説明するため
・開発者にシステムの詳細を説明するため

顧客はシステムの詳細なプログラムの説明などよりも、システムの使い方などの情報を求めていることが多いです。よって、システムの利用方法という観点で不要な情報を削って、システムをモデリングしていきます。

一方、開発者はシステムの一部を担当することが多いので、当面システム全体の概要などよりもシステムの一部のプログラムに関わる情報を求めていることが多いです。よって、一部のプログラムに関わる情報以外を削って、システムをモデリングしていきます。このようにすることで、**顧客にとって分かりやすい図**と**開発者にとって分かりやすい図**を表現することができます。

■ 顧客向けの図と開発者向けの図

顧客に説明するシステムの概要

開発に説明するシステムの部品の詳細

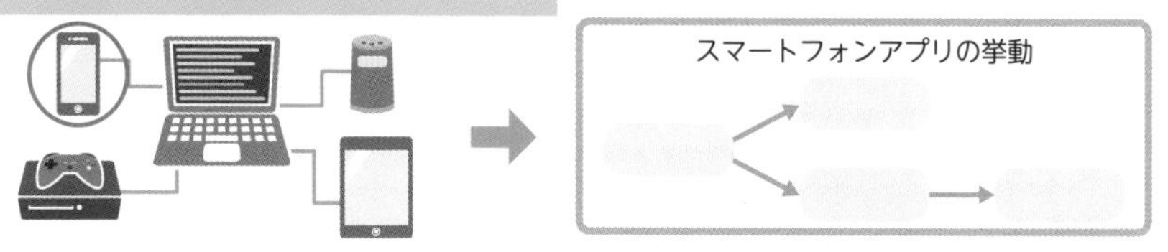

システム開発のモデリングの手順

それではどのようにモデリングを行っていくのかの手順を説明します。前述の地図のように既に実際の情報がある場合は、すぐにモデリングに取り掛かれます。しかし、これから構築するまだ形のないシステムのように、実際の情報が無い場合は、情報を収集した上で段階的にモデリングしていきます。まず、システム化したい対象の情報を収集し、それから目的に合わせて情報を全体的にモデリングして、更に、全体からシステムの部品毎にモデリングを行います。

■ モデリングの手順

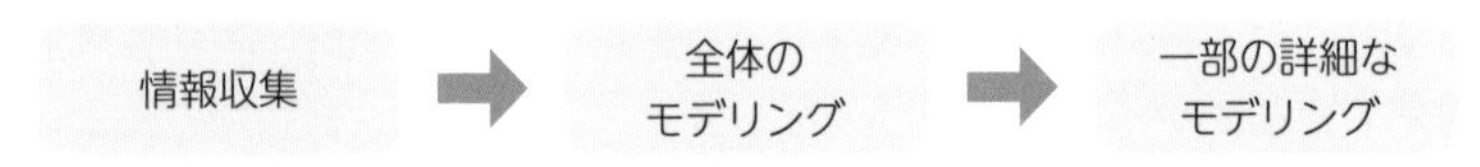

情報収集

まず初めに、システム化したい対象の具体的な情報を収集します。例えば、銀行の窓口での振込業務をシステム化したいとします。そこで、現在、実際に行われている具体的な振込業務の情報を収集します。

業務の流れの例として、初めに、お客様のAさんが来店された際に、窓口担当のBさんがAさんの本人確認を行います。次に振込依頼内容を聞きます。口座の情報を聞き、Aさんの口座の有無を確認します。更に、振込先のCさんの口座の情報と振り込みたい金額を聞き、Aさんの口座の残高と、振込先のCさんの口座の存在を確認します。Aさんの口座の残高が十分で振込先の口座が存在していた場合、Bさんは金庫担当のDさんに振り込みの依頼を行います。Dさんは依頼の通りにAさんの口座から振込先のCさんの口座へのお金の移動を行います。

こういった振り込み業務手順のような情報を収集します。

■ 銀行の振込業務イメージ

全体のモデリング

次に、収集した情報を整理するために全体をモデリングしていきます。銀行の振込業務を例とした場合、個別の事例としてではなく一般例として業務の流れを整理します。

この業務ではお客様と窓口担当と金庫担当の間で情報収集した流れで順番に作業が進められます。その内容を図で表現していきます。このようにすることで、この銀行の振込業務がどのような流れなのかを一目で理解できます。これを基にシステムを設計していきます。

■ 銀行の振込業務のモデリング

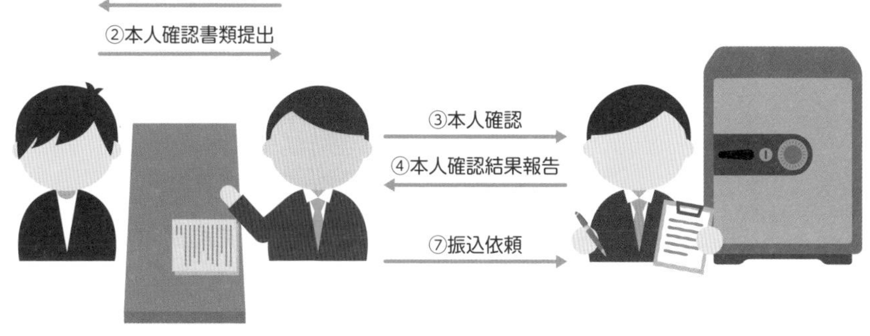

詳細なモデリング

次に、システムを実際に製造していくために、詳細な仕様をモデリングしていきます。例えば、お客様の本人確認を行うために、お客様の情報を管理する必要があります。また、取引をする口座の情報も管理する必要があります。これらなどの情報がどのようなものであるか詳細な仕様を定義していきます。

まず、お客様の情報について定義していきます。ここでモデリングするにあたり、好きな食べ物は何か？などの情報は銀行の取引をシステム化する目的には関係がないため、定義する必要はありません。名前や生年月日、運転免許証の番号などを定義します。次に口座の情報について定義していきます。口座の銀行番号、支店番号、口座の種類、口座番号、残高などを定義します。定義した内容も図として表現することで、システムの詳細がどのようなものかを分かりやすくできます。さらに、これらの図を元にシステムを実際に製造していけます。

このように、**収集した情報から、全体→詳細とモデリングしていくこと**で、全体像を把握した上で、システムの細かい部分までを網羅していけます。

■ 詳細なお客様と口座の情報の仕様

■本人確認書類
名前
現住所
免許番号

■口座情報
銀行名
支店番号
口座番号
口座名義
残高

まとめ

- **物事を抽象的に表現することがモデリング**
- **複雑なシステムもモデリングすることで、目的に合わせて分かりやすくできる**

2章

オブジェクト指向

システム開発の目的は世の中の課題を効率的に解決することであるといえます。オブジェクト指向は世の中の課題をモデリングするのに非常に有効な手法であるといえます。UMLはオブジェクト指向の開発方法論として提案されました。UMLを学ぶ上でオブジェクト指向の基礎知識は必須です。この章ではオブジェクト指向について説明していきます。

01 オブジェクト指向とは

UMLはオブジェクト指向の開発方法論から始まりました。ここではオブジェクト指向とはどのような考え方であるかを学んでいきましょう。

世の中のモノ・コトをオブジェクトととらえる

世の中には様々なモノやコトがあります。例えばサッカーのチームAにB監督やC選手とD選手がいたとします。これらの監督や選手やチームは**モノ**と捉えられます。また、チームAと別のチームFとの試合Gなどが行われたとします。試合のような実体のないものは**コト**と捉えられます。

こういった、**世の中に存在する全てのモノやコトをオブジェクトとして捉えるのがオブジェクト指向**です。システム開発の目的は世の中のモノやコトに対する課題を解決することですので、世の中のモノやコトを構造的に捉えていくオブジェクト指向はシステム開発に適した考え方といえます。

■ サッカーのモノ・コトをオブジェクト化

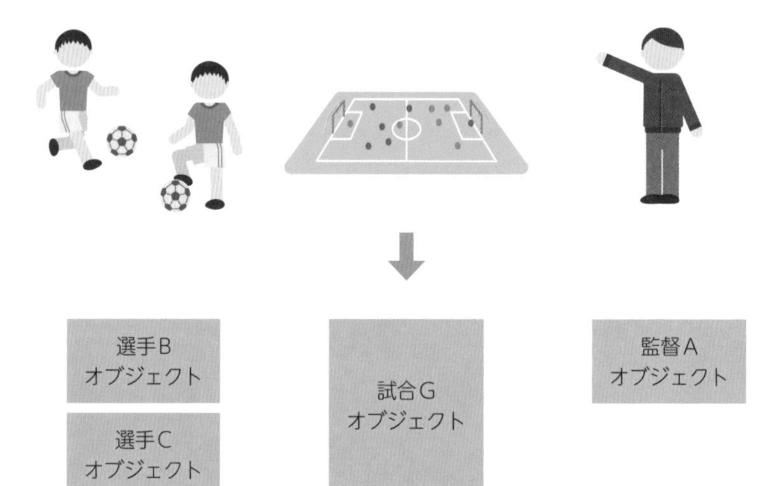

オブジェクトを抽象化したクラスを作る

世の中のモノとコトをオブジェクトとして捉えた上で、次にクラスというものを作成していきます。**クラスはオブジェクトの雛形のようなもの**です。例えば、C選手、D選手というオブジェクトは選手という雛形に当てはまるといえます。選手という雛形は、名前や背番号を持ち、シュートやドリブル、パスなどをすることができるモノです。

もちろん実際の各選手にはもっと沢山の情報があります。例えばC選手は数学が得意などの特技があるかもしれません。ただし、ここでは、C選手などのオブジェクトから選手として**必要な共通の情報だけを取り出してクラス**にします。つまり、クラスとは世の中のモノ・コトつまりオブジェクトをモデリングしたものであるといえます。

同様にチームAとチームFの雛形はチームであるといえ、チームというクラスのオブジェクトであるといえます。また、この例には1つずつしかオブジェクトは出てきていませんが、監督や試合というのもクラスであるといえます。

オブジェクト指向のプログラミングを行う際は、プログラムに直接オブジェクトを記載するのではなく、クラスを設計していきます。

■ サッカーのオブジェクトをクラス化

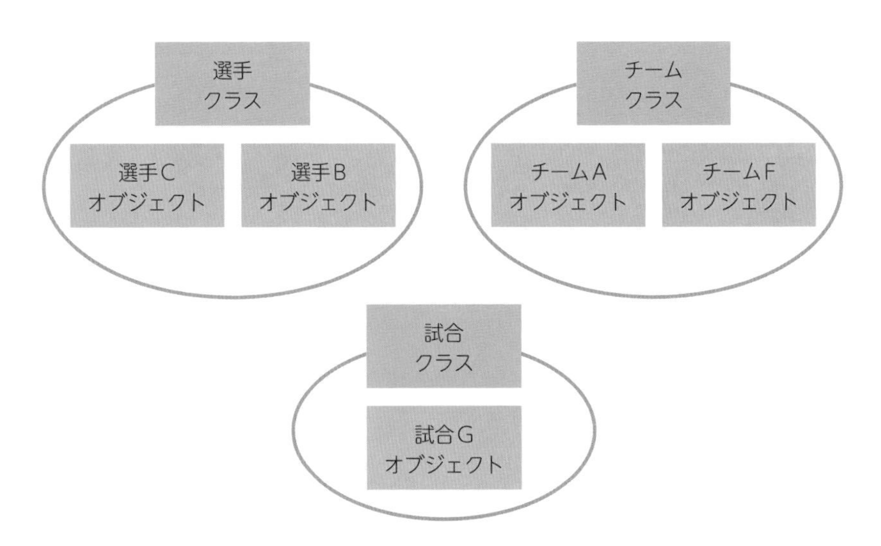

クラスをシステムの中で実体化させるインスタンス

オブジェクト指向のプログラミングではプログラムのソースコードにクラスについての情報を記載していきます。クラスはオブジェクトの抽象的な情報、選手の名前、背番号、その選手のできる技などの情報を持っています。これは、選手とはどういうものかを説明したものであり、つまりクラスというのはオブジェクトの設計書であるといえます。

システムを動作させる際は、この設計書である**クラスを基にコンピュータの中でオブジェクトを再現**します。このオブジェクトを再現されたものを**インスタンス**といい、クラスからインスタンスを作り出すことを**生成**といいます。

例えば、実際の選手Aのオブジェクトからモデリングを行い、選手クラスを設計したとします。このサッカー選手クラスから仮想の選手をコンピュータの中に作り出しプレーをさせられます。この仮想の選手は選手クラスから生成されたインスタンスと呼ばれます。設計書であるクラスがあればインスタンスをいくつも作り出せます。クラスからインスタンスを生成し、コンピュータの中で動かすことで、システムを動作させていきます。

■ 選手クラスからインスタンスを生成

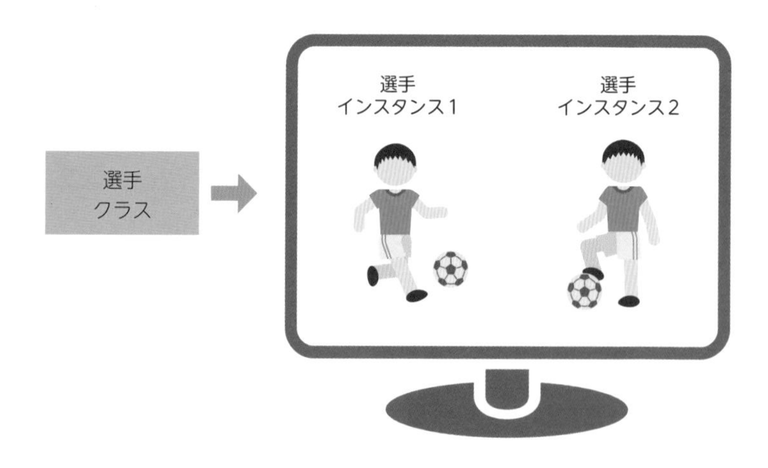

インスタンスの利用

システムはクラスから生成したインスタンスを利用して動作していきます。インスタンスは単独で動作するだけではなく、他のインスタンスと連携して動作します。例えば、監督クラスから生成された監督インスタンス1が指示を出し、選手クラスから生成された選手インスタンス1が選手インスタンスにパスを出し、選手インスタンス2がシュートを打ちます。それを見て、観客クラスから生成された観客インスタンス達が盛り上がります。このように、インスタンスを連携させることで、システムでサッカーの試合を再現できます。

同様に銀行の取引業務をシステム化しようとすると、銀行の取引に必要な情報をオブジェクトとして捉え、クラス化し、インスタンスを生成して動作させることで、ATMのような銀行の取引業務を実現するシステムを開発できるのです。システムの目的は世の中の課題を解決することです。世の中の課題を取り巻く**モノ・コトをそのままモデリングして開発できる**オブジェクト指向は、課題解決のために優れた技法であるといえます。

■様々なモノ・コトからシステムを実現

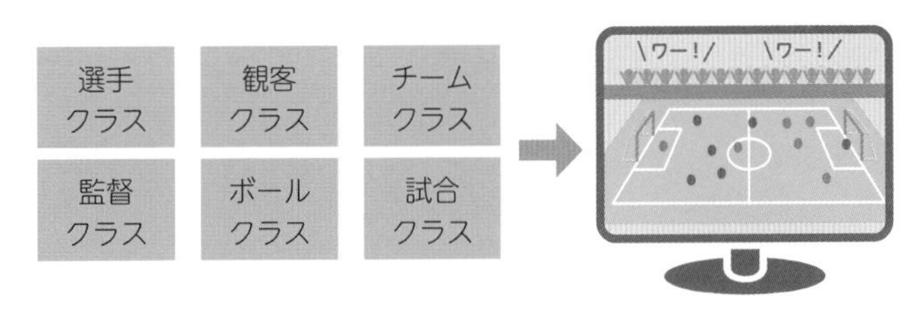

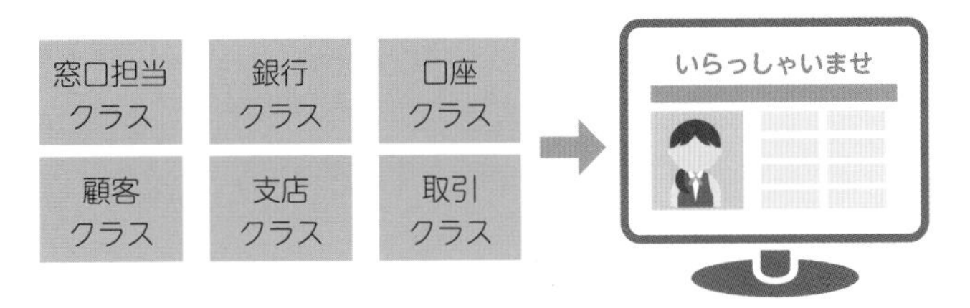

02 オブジェクト・クラスの静的構造

オブジェクト指向はモノ・コトをオブジェクトとして捉えていく考え方でした。ここではオブジェクトとはどのような構造をしているのか学んでいきましょう。

オブジェクトの静的構造を定義

オブジェクト指向では実際のモノ・コトをオブジェクトとして捉えます。では、オブジェクトとはどのような構造をしているのでしょうか？

オブジェクトは属性と呼ばれるオブジェクトの性質や状態を持ちます。例えば、田中さんの車は、名前がカローラ、色は青、セダンタイプ、運転手は田中さん、カーナビはポータブルA、エンジンはガソリンエンジンAなどです。

更に**オブジェクトは振る舞いと呼ばれるオブジェクトの行うことのできる機能**を持ちます。例えばBさんの車は走ることができます。また、クラクションを鳴らすことができます。このように、オブジェクトの構造を属性と振る舞いを定義することで説明することができます。

■ 2台の車のオブジェクトの構造

車1

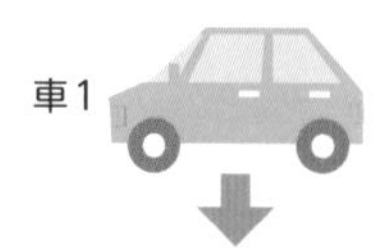

車Aオブジェクト

名前：カローラ
色：青
タイプ：セダン
運転手：田中さん
カーナビ：ポータブルA
エンジン：ガソリンエンジンA
機能：走る
機能：クラクションを鳴らす

車2

車Bオブジェクト

名前　　：ワゴンR
色　　　：緑
タイプ　：ワゴン
運転手　：鈴木さん
カーナビ：ポータブルB
エンジン：ハイブリットエンジンB
機能　　：走る
機能　　：クラクションを鳴らす

オブジェクトからクラスの静的構造を定義

次にオブジェクトを抽象化してクラスを定義しています。では、クラスはどのような構造をしているでしょうか？クラスはオブジェクトと同様、**属性と振る舞いを定義**します。ただし、クラスはあくまで抽象的なものなので具体的な値は持ちません。名前の属性は定義しますが具体的な名前の値は定義しません。

例えば、Aさんの車とBさんの車の2つのオブジェクトからクラスの静的構造を定義していきましょう。今回作りたいシステムの目的に、色が関係ない場合は、色はクラスの属性に用意しません。クラクションを鳴らす機能もシステムに関係ない場合は、クラスには用意しません。このようにシステムに必要な情報だけをオブジェクトからクラスへとモデリングしていきます。今回のシステムクラス必要な属性を、名前、運転手、外付けカーナビ、ハンドルとして定義します。また、振る舞いとして、走る機能を定義します。

■車のクラスの構造

車Aオブジェクト

名前　　：カローラ
色　　　：青
タイプ　：セダン
運転手　：田中さん
カーナビ：ポータブルA
エンジン：ガソリンエンジンA
機能　　：走る
機能　　：クラクションを鳴らす

車Bオブジェクト

名前　　：ワゴンR
色　　　：緑
タイプ　：ワゴン
運転手　：鈴木さん
カーナビ：ポータブルB
エンジン：ハイブリットエンジンB
機能　　：走る
機能　　：クラクションを鳴らす

車クラス

■属性
名前
運転手
カーナビ
エンジン

■振る舞い
走る

03 オブジェクト・クラス間の関係

オブジェクトやクラスは単体で存在するだけではなく、関係性を持たせ連携させます。ここでは、オブジェクト・クラスの関係について学んでいきましょう。

クラスの間の関連／包含関係

2-02の車クラスの属性であったエンジン、カーナビですが、これらも実在するモノであり、それぞれオブジェクトとして捉えられます。これらは車の中にあるモノであり、このような関係を**包含関係**といいます。包含関係にあるオブジェクトを属性に定義することで、その関係を表現できます。ただ、運転手も車の中にあるといえますが、車の持ち物とはいえず、運転手は車以外の場所でも人として別に活動できます。このような場合は、車と運転手は包含関係とはいわず、**関連関係**であるといいます。

■ 包含関係

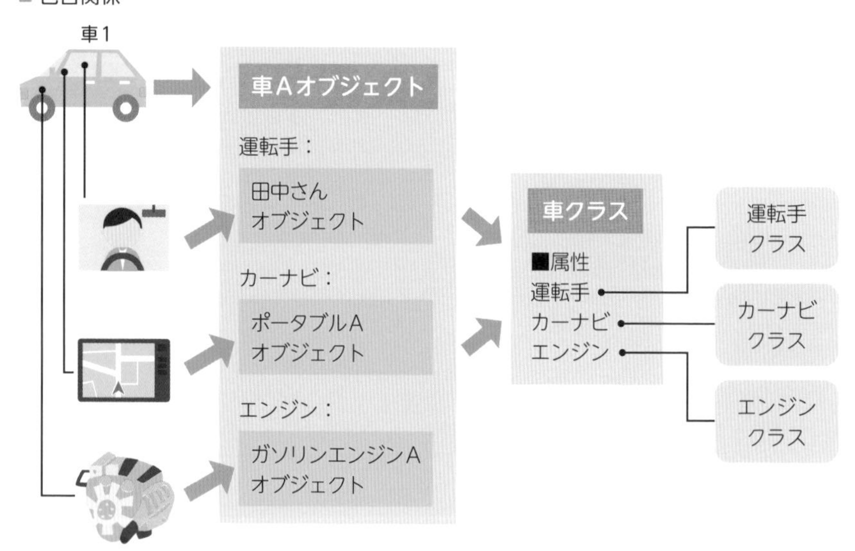

包含関係の種類

包含関係には種類があり、集約とコンポジションがあります。2つの違いはその関係の結びつきの強さです。集約よりもコンポジションの方がより強い結びつきであるといえます。

集約は「A has a B」の関係であるといわれます。例えば車はカーナビを持っているといえます。

コンポジションは「B is a part of A」の関係であるといわれ、より強い結びつきであるといえます。例えばエンジンは車の一部であるといえます。

集約とコンポジションの違いは、2つは切り離せる関係にあるかどうかです。外付けカーナビは付け替えることができます。よって集約の包含関係であるといえます。一方、エンジンは基本的には付け替えることができません。よって、コンポジションの包含関係であるといえます。

別の例で考えると、ノートPCにとってのモニタは付け替えることができないので、コンポジションの包含関係であるといえます。一方、デスクトップPCにとってのモニタは付け替えることができるので集約の包含関係であるといえます。

■ 包含関係の例

クラスの継承関係

オブジェクト指向では沢山のクラスを作成していきます。その中で、似たようなクラスが出てくることがあります。

例えば車に対して、パトカーやバスのクラスはいずれも"車名"や"重さ"のような属性や、"走る"という振る舞いを同様に備えるクラスになります。このパトカーやバスというのは一種の車である、すなわち「パトカー is a 車」であるといえます。オブジェクト指向では、このような**「A is a B」というis aの関係と呼ばれる関係を持つ時に、継承関係というものを持たせる**ことができます。継承関係は継承元のクラス（スーパークラス）と継承先のクラス（サブクラス）から構成されます。サブクラスはスーパークラスの機能を改めて定義する必要はなく、サブクラスの属性や振る舞いを引き継げます。例えば、パトカーをサブクラス、車をスーパークラスとして継承関係を持たせれば、パトカーのクラスに改めて"車名"のような属性や"走る"という振る舞いを持たせなくても、パトカークラスのインスタンスは"車名"や"走る"という機能を利用できます。

このようにすることで、例えば、走るという振る舞いに仕様変更があった時、車クラスだけを修正すれば良くなります。車クラスにもパトカークラスにも走るという振る舞いを定義してしまっていると、両方を修正しなければならず、修正ミスなどの原因になりかねません。

■車クラスを継承している救急車クラス

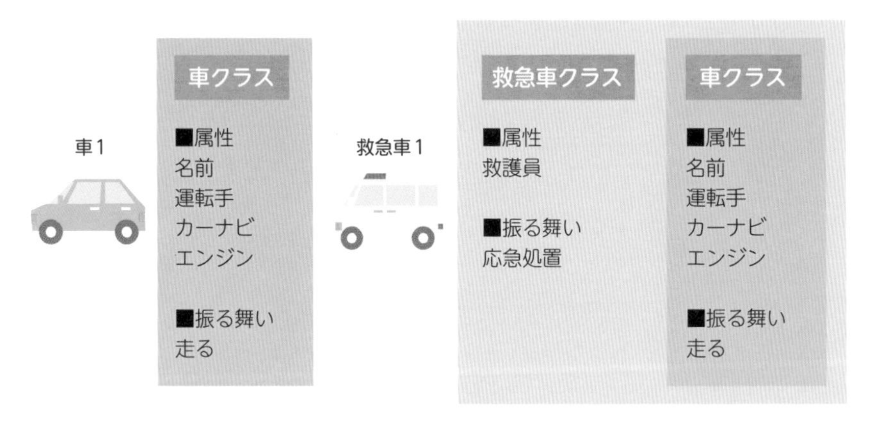

クラスの依存関係

片方のクラスを説明するために、もう片方のクラスも必要な状況を依存関係といいます。例えば、依存する側のクラスが依存される側のクラスの振る舞いや属性を利用している場合に、依存関係となります。監督のクラスが選手のクラスの振る舞いを実行するように指示を出す振る舞いを持っているとすると、選手のクラスも定義されていないと指示を出す振る舞いを利用できません。このような関係にある時に監督のクラスは選手のクラスに依存している、といいます。

依存関係にある場合、依存されているクラスに変更があると、依存しているクラスの振る舞いも影響を受けるため、機能の確認と場合によっては修正の必要があります。例えば、選手の振る舞いを変更した際、監督の選手に指示を出す振る舞いも機能としては変更される可能性があるため、確認する必要がでてきます。

ここまでに紹介してきた継承関係も包含関係も広義では依存関係の一種です。本書では継承、包含として分けて扱いますが、包含関係は依存関係よりも強い依存度、継承関係は更に強い依存度となるので、変更などの影響も強くなりがちです。

■ 依存関係と機能の変更

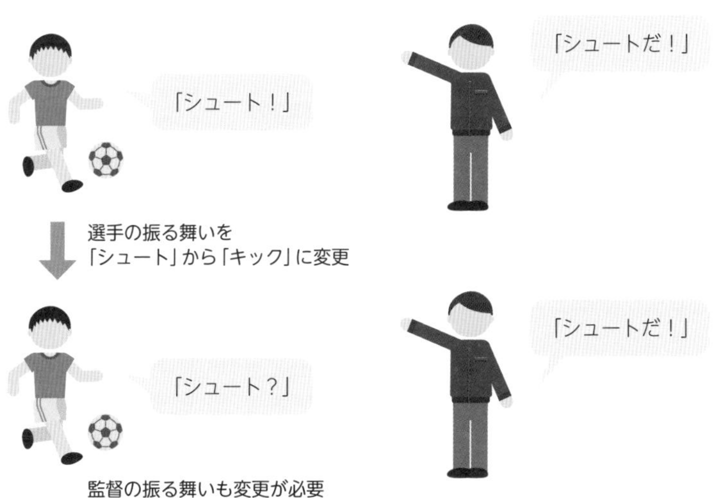

インターフェース

インターフェースとは表面の意味です。表面とは、システムにおいてはユーザが利用する時に触る場所、というような意味です。例えばユーザがスマートフォンなどを利用する時に、タッチパネルのインターフェースを利用する、というような使い方ができます。オブジェクト指向におけるインターフェースも同様で、クラスにとっての表面のような意味です。

沢山のクラスを作成すると、どのクラスのどの振る舞いを使って良いのか分からなくなることがあります。また、複数のクラスが呼び出しあうと、依存関係が多数生まれ、修正が非常に困難になりシステムの保守性が低下します。そこで、外部から利用できる振る舞いを定義するものとして、クラスとは別にインターフェースを定義できます。インターフェースには振る舞いを定義しますが、具体的な機能は定義しません。インターフェースは1つまたは複数のクラスとセットで作成します。クラスはインターフェースで定義した振る舞いの具体的な機能を実装します。

このようにして、クラスは公開せずにインターフェースだけを公開することで、利用者はクラスの多様な機能に惑わされずにインターフェースに定義された機能だけを利用できて、利便性が高まります。

また、インターフェースを通してクラスを利用することで依存関係が整理され、システムの保守性が保たれます。このようにクラスの表面としてインターフェースを定義することで、システムの品質を高められます。

このようなクラスとインターフェースの関係を作ることを**「インターフェースを実装する」**といいます。

例えば、運転するもの、というインターフェースを定義します。運転するものの振る舞いには、アクセルを踏む、ハンドルを切る、ブレーキを踏むが定義されます。このインターフェースを車やバイクで実装します。車もバイクも中の仕組みや実際の操作は異なりますが、アクセルを踏む、ハンドルを切る、ブレーキを踏むという操作の点においては同じです。運転する人は中の仕組みを知らなくてもアクセルを踏む、ハンドルを切る、ブレーキを踏むというインターフェースの定義だけを知っておけば運転できます。

■インターフェースの例

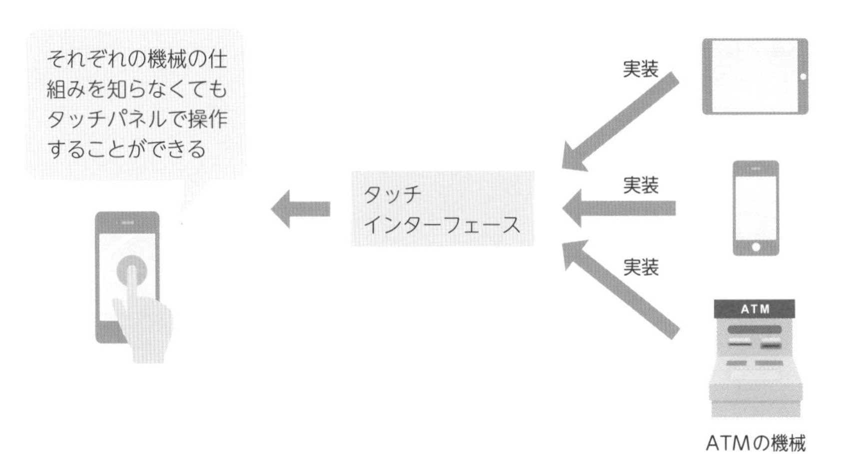

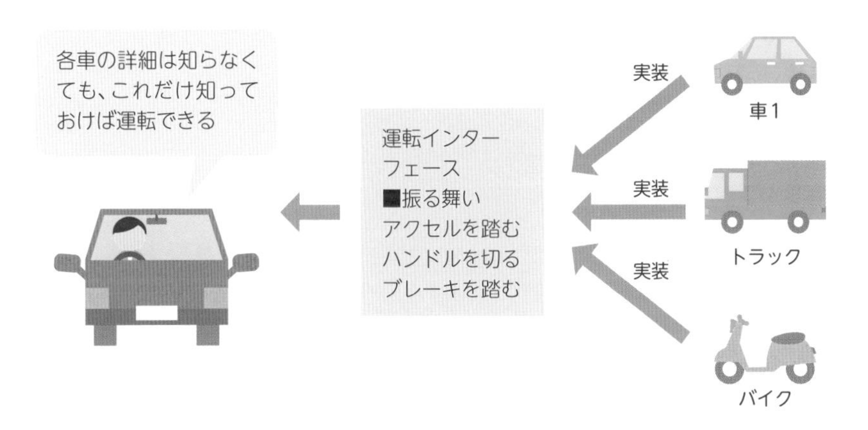

- クラスは属性と振る舞いを持つ
- クラス間は包含／継承／依存などの関係を持つ
- クラスの利用方法をインターフェースとして定義できる

04 オブジェクト・クラスの動的構造

オブジェクト指向において、オブジェクトは振る舞いを持ちます。ここではオブジェクトの振る舞いについて学んでいきましょう。

オブジェクトの振る舞い

オブジェクト指向のプログラムでは、クラスからインスタンスを生成し、インスタンスに振る舞いを行わせることでシステムを動作させていきます。インスタンスの振る舞いとは、オブジェクトにとっての「できるコト」です。

例えば、選手のオブジェクトはドリブルを行ったり、シュートを打ったりできます。これを選手クラスの振る舞いとして定義し、システムの中でインスタンスに行わせられるのです。このように、システムの中でインスタンスに振る舞いを行わせる構造を**動的構造**といいます。

■ インスタンスの振る舞いを実施

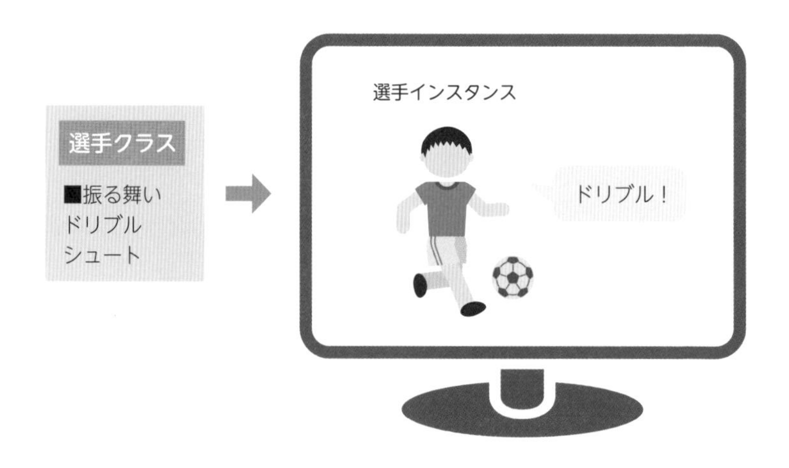

インスタンス間のメッセージ

オブジェクト指向のプログラムは、インスタンスの振る舞いによって動作しますが、このインスタンスの振る舞いは別のインスタンスから動作させられます。システムはインスタンス同士振る舞いを呼び出させ、相互作用させて動作していきます。この時に、**別のインスタンスに振る舞いを動作するように指示を出すことをメッセージ**といいます。オブジェクト指向を開発したと言われるアラン・ケイは、オブジェクト指向においてメッセージの考え方は最も重要であるといいます。

メッセージには**特定の条件を加える機能として引数**というものがあり、**メッセージの応答を受け取る機能として戻り値**というものがあります。

このようにオブジェクト指向では、インスタンス同士がメッセージを送りあい、振る舞いを連携させていくことでシステムを動作させていきます。

■ メッセージによる振る舞いの実施

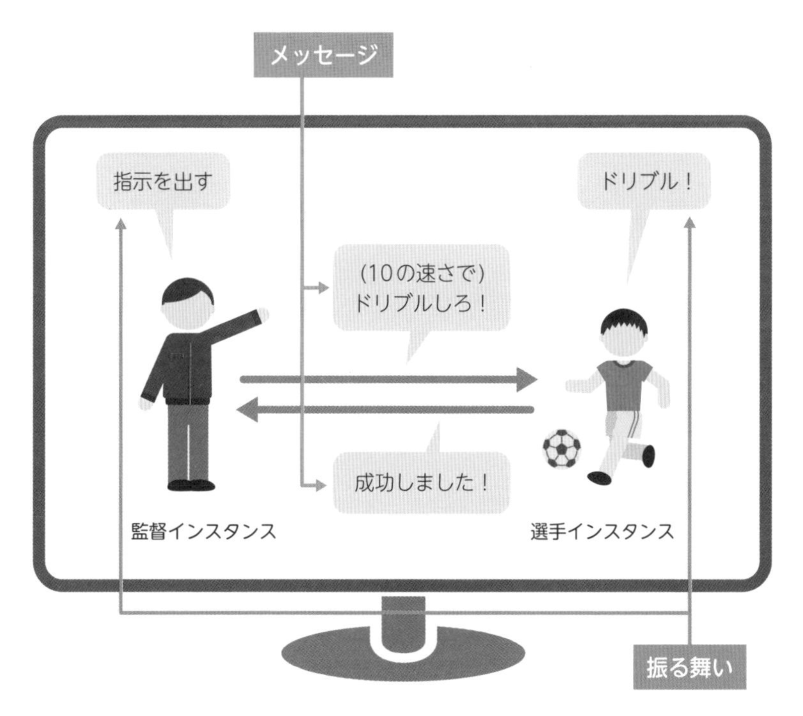

非同期処理

システムの行うべき動作は、１つの順番で処理をしていくものだけとは限りません。例えば、銀行のシステムで、誰かがATMでお金を引き出している間全てのシステムが止まってしまっては困ります。

システムはメインの作業を行っている裏で、別の作業を行うなど、複数の動作を同時に行うようなことができます。例えば、監督のインスタンスは選手Aに指示を出して選手Aにプレーをさせる一方で、選手Bにも指示を出し、選手Bにも同時にプレーをして貰うことができます。

このように別の動作の流れを作って処理を行うことを**非同期処理**といいます。システムは非同期にメッセージを呼び出し、処理を行わせる非同期処理を行うことができます。逆に一つの流れの中で処理を行うことを**同期処理**といいます。同期処理ではメッセージの呼び出し元が呼び出し先の処理が終わるまで待ちます。

■ 非同期のメッセージの例

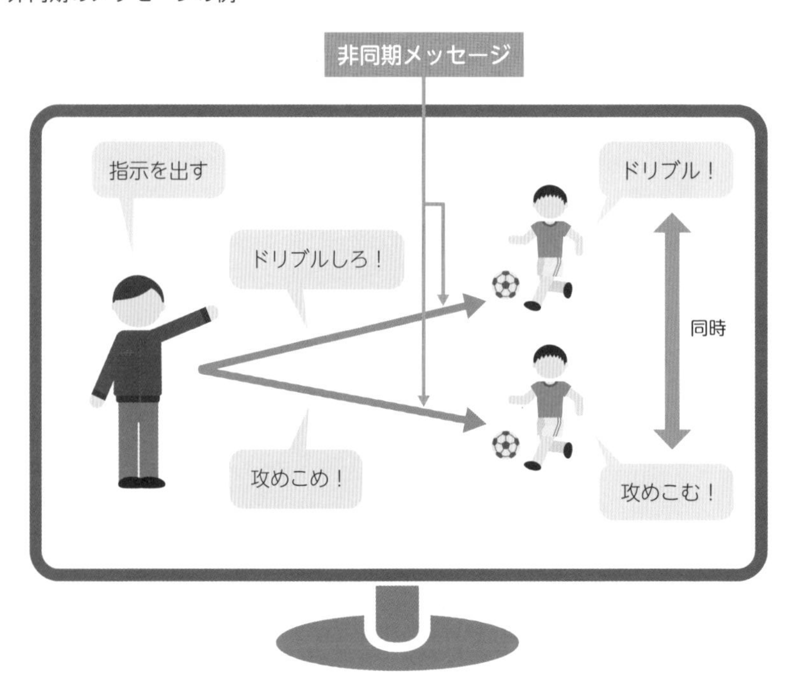

イベント駆動処理

システムの動作は処理の流れとは別の要因に影響を受ける場合があります。例えば、ユーザによってボタンが押されたり、一定時間が経過したり、システムが想定していなかったエラーなどの事態が発生した時などに本来の処理の流れとは別の処理が実行される場合があります。このような別の要因のことを**イベント**といいます。

イベントにはボタンが押されて発生するボタンイベントや、時間経過によるタイマーイベント、システムが想定していなかったエラーなどの事態による例外イベントがあります。これらのイベントによって実行される処理を**イベント駆動処理**といいます。

■ イベント駆動処理（例外処理）の例

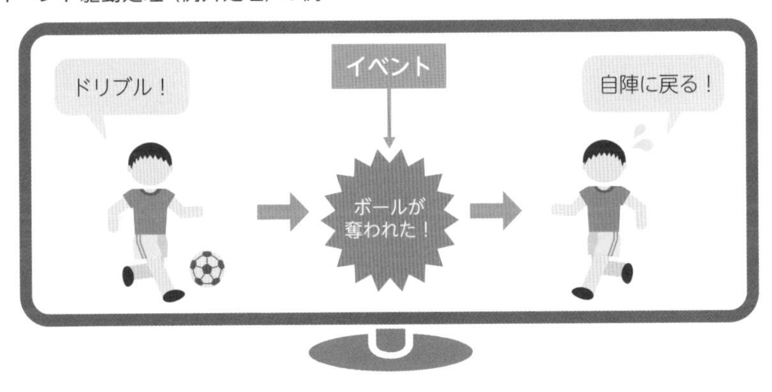

まとめ

- **オブジェクト指向ではインスタンスの振る舞いによって処理が進む**
- **インスタンスの振る舞いはメッセージという形で呼び出すことができる**
- **非同期処理やイベント駆動処理などの特殊な呼び出しもできる**

05 オブジェクト指向の3大要素

オブジェクト指向をより効果的に活用していくために、3大要素と呼ばれるものがあります。ここではオブジェクト指向の3大要素について学んでいきましょう。

カプセル化(パッケージ)

オブジェクト指向では、インスタンス間でメッセージを送りあい、振る舞いを連携させることでシステムを実現させていきます。メッセージを送りあうということは、依存関係(2-03参照)があるということです。依存関係が煩雑になると保守性が下がります。

例えば、選手インスタンスが他の選手インスタンスや監督インスタンスからだけでなく、観客インスタンスなど他のクラスのインスタンスからメッセージを受け付けることが可能であったとすると、監督も観客も選手に対して依存している関係になります。この時、選手クラスの振る舞いにバグが見つかり修正などを行った際に、選手クラスにメッセージを送っている全てのクラスを確認、修正する必要が出てきます。

そこで、乱雑にメッセージを送りあわないように、**パッケージ**という機能でメッセージを制限していきます。メッセージが頻繁に行われるクラスのグループをパッケージとしてまとめ、パッケージの外のクラスからのアクセスを制限します。例えば、選手クラスと監督クラスは同じパッケージに入れますが観客はそのパッケージに入れません。このようにすることで、観客からは選手に直接指示を出して利用できなくなります。

このようにオブジェクト指向において、**クラスの利用され方を制限する機能をカプセル化**といいます。カプセル化を行うことで、不要なアクセスを制限してシステムのメンテナンス性を高めることができます。更に、利用できる機能を絞ることでシステムの使い方を分かりやすくできます。

■ パッケージによるカプセル化のイメージ

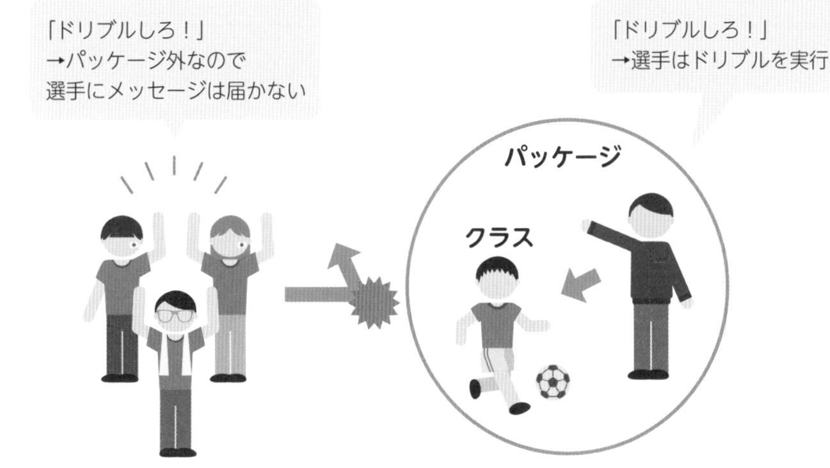

カプセル化（アクセス修飾子）

カプセル化のもう１つの機能は振る舞いを非公開に設定する方法です。例えば、選手クラスの「ドリブル」の振る舞いは他のクラスに公開してメッセージを受け取りますが、「フェイント」の振る舞いは非公開で自分のクラスの中で必要に応じて自分の判断で使う振る舞いになっている、というような形です。

■ アクセス修飾子によるカプセル化のイメージ

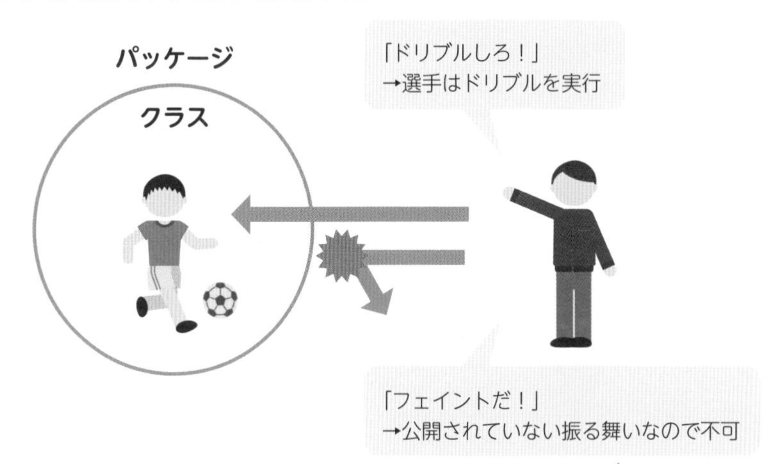

継承

2-03に記述した通り、オブジェクト指向において、クラスは継承関係を持つことができます。共通の概念から抽象的なクラスを設計して、より具体的なクラスに反映させることで、同じ機能を作らなくても良くなります。例えば、救急車やパトカーなどは共通の機能が多いので、自動車というスーパークラスを作成し、救急車や消防車はサブクラスとして自動車の機能を継承することで、共通の車名や走るという機能を作らなくて良くなります。更に、各車には独自の機能を追加することもできます。例えば、救急者はサイレンを鳴らす、消防車は放水する、などです。

また、抽象的なクラスを再利用して、新たなクラスを作れます。自動車のクラスを使えば新たにトラックやタクシーなどのクラスを追加できます。自動車のクラスを継承したクラスは、車の一種である、抽象的に見れば車である、と捉えることができます。

■ 継承のイメージ

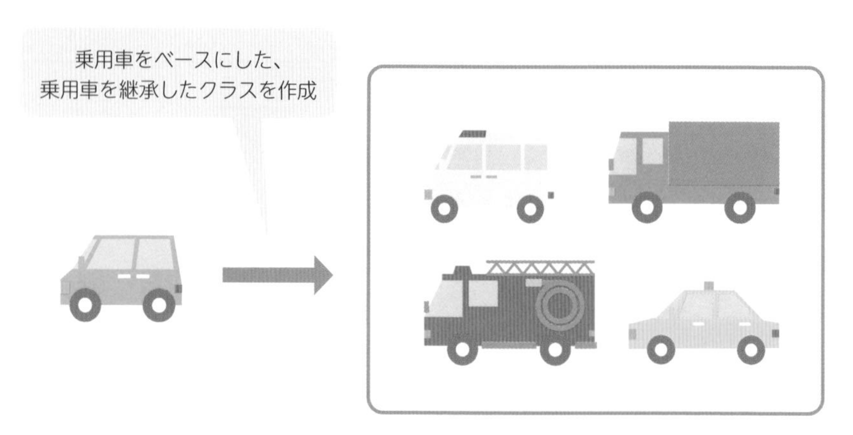

多態性（ポリモーフィズム）

世の中のモノ・コトを利用する時に、中の仕組みを知らずに使うことは多いと思います。例えば、車の中の仕組みが車種によって、どのように違い、どのように動いているのかは具体的に知らなくても、抽象的に見れば自動車ハンドルとアクセルとブレーキで運転できます。

このように、同じインターフェースやスーパークラスの振る舞いを通して、実際には中のクラスのインスタンスの様々な振る舞いを動かすことを多態性（ポリモーフィズム）といいます。

■ ポリモーフィズムのイメージ

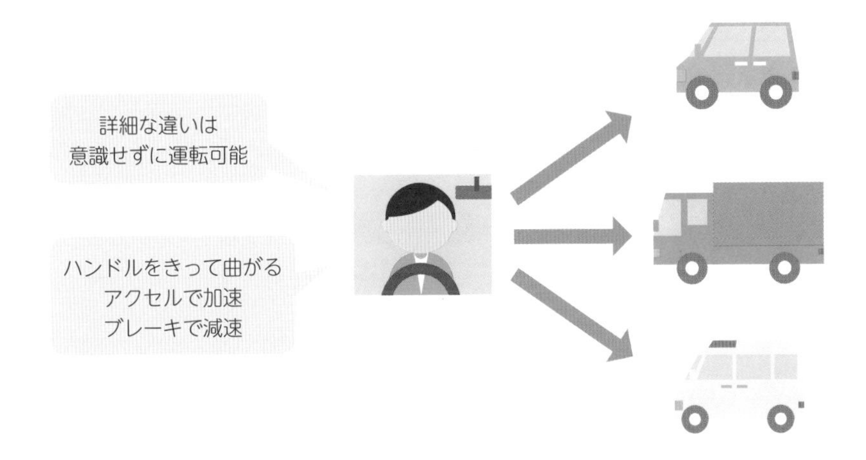

まとめ

- カプセル化によってクラスの利用を制限することができる
- 継承によってクラスの機能を引き継がせることができる
- 多態性によってインスタンスの振る舞いを曖昧に利用することができる

オブジェクト指向の設計原則

オブジェクト指向の開発において、設計原則に従って適切にモデリングをすることで、システムの品質を高められます。ここでは、設計原則の疎結合・高凝集について紹介していきます。

■ 依存度を低くする疎結合

クラス間に依存関係（2-03参照）があると変更が困難になります。このような依存関係が沢山ある状態を密結合といい、オブジェクト指向の設計としてあまり良くないとされます。特に継承（2-05参照）は機能を引き継いでしまい、便利な判明非常に依存度が高くなります。適切にカプセル化（2-05参照）を行い、関連性を持たせる場合は、できるだけシンプルなインターフェース（2-03参照）などを使うことでクラス間の依存度を下げられます。

このような状態を疎結合といい、変更に対応しやすく、オブジェクト指向の設計として良いとされます。依存関係を適切に減らすことで、変更に強い疎結合な設計にすることができます。

■ 機能をまとめる高凝集

1つのクラスやパッケージなどに沢山の役割を持たせると、機能を実現する際にどのクラスを使って良いのか分かりづらくなります。このように、役割が1つに定まっていない状態を低凝集といい、オブジェクト指向の設計としてあまり良くないとされます。

逆に、1つのクラスやパッケージなどで役割がはっきりと定まっていると、実現したい機能と利用するものの関係が明確になります。このような状態を高凝集といい、クラスやパッケージの扱いが簡単になるため、オブジェクト指向の設計として良いとされます。クラスなどの役割を明確に絞ることで、扱いやすい高凝集な設計にすることができます。

3章

UMLの全体像

本章以降は、いよいよオブジェクト指向でシステムをモデリングしていくUMLの書き方を学んでいきます。UMLは図形や線を組み合わせてシステムを表現していきますが、図形の形や線の形によって意味が違ってくるので、前章までの内容を参照しながら意味と使い方を覚えていきましょう。まず初めにUMLの図の種類と全体像について説明していきます。

01 UMLの図の種類と分類

UMLには目的に合わせて利用できる様々な図が存在します。ここではUMLの図の種類、分類について学んでいきましょう。

様々なUMLの図

UMLには様々な種類の図が存在します。それぞれの図は表現できる情報が異なり、目的や視点に合わせて使い分けられます。図を大きく2つに分類すると、**構成図**と**振る舞い図**があります。

構成図

構成図はオブジェクトやクラス、システムの部品などの**静的構造**を表現できます。

例えば、構造図の一種のクラス図では、クラスの内部構造やクラス間の関係などを表現できます。

また、配置図では、システムの部品の配置を表現できます。

振る舞い図

一方、振る舞い図はオブジェクトやクラス、システムの部品などの**動的構造**を表現するための図です。

例えば、振る舞い図の一種のアクティビティ図ではシステムの処理の実行順序などを表現できます。

また、**振る舞い図の中でも特にオブジェクト間でのメッセージによる振る舞いの連携を表現する図を相互作用図**といいます。例えば、相互作用図の一種のシーケンス図ではオブジェクト間でのメッセージの順序などを示せます。

これらの多様な図の中から、目的に合わせて適切な表を選択し、利用することで効果的にシステムを表現できます。

■ UMLの図の一覧

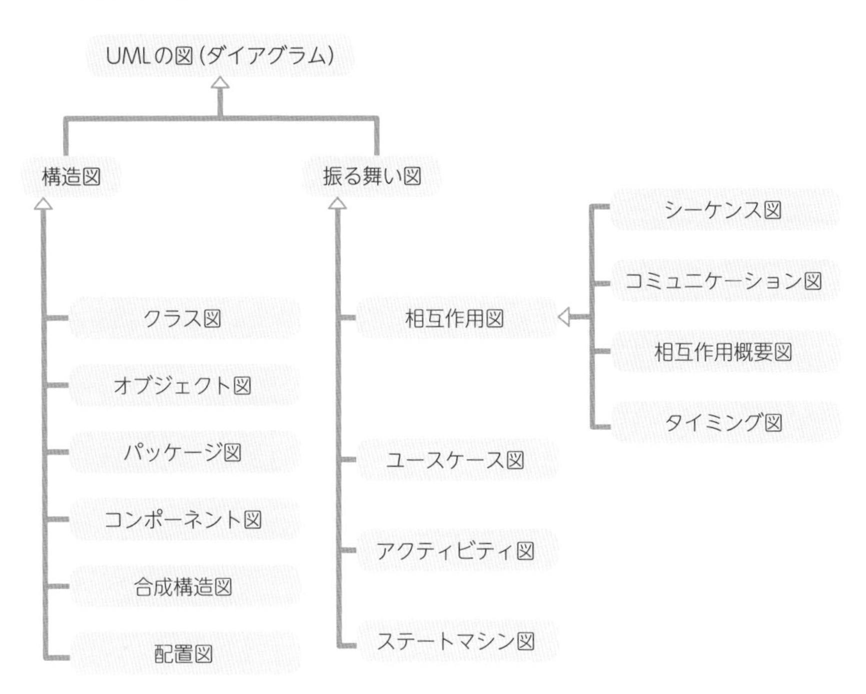

まとめ

- UMLの図には構造図と振る舞い図がある
- 構造図はシステムの静的構造を表現することができる
- 振る舞い図はシステムの動的構造を表現することができる

02 図の要素
〜UMLを構成する代表的な図形や線〜

UMLの図では図形を用いて情報を表現します。ここでは、UMLで用いられる代表的な図形について学んでいきましょう。

UMLに用いる要素図形と関連線

UMLで表記する図は、以下の要素で構成されています（本書では以降、枠は省略します）。

- **枠（frame）**
- **要素図形（shape）**
- **関連線（edge）**
- **区分（partition）**

これらを組み合わせて作図することで**システムをモデリング**していきます。これらの要素図形や関連線、区分は図の種類ごとに決まっているわけではなく、使いまわせます。例えばクラス図で作成したクラスの要素図形をコミュニケーション図で使いまわせます。

ここでは代表的な要素図形であるクラス、アクタ、ユースケース及び、代表的な関連線である関連と遷移について紹介していきます。

■ 要素図形と関連線で作図

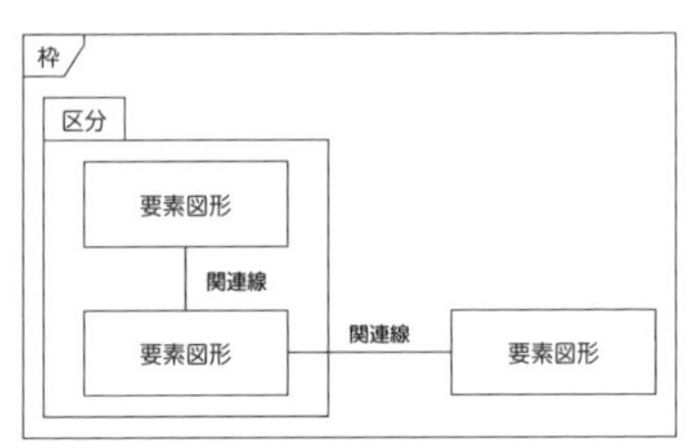

オブジェクト／クラス

UMLにおいてオブジェクト／クラスの要素図形は矩形で表現します。矩形の中にはオブジェクト名、クラス名を表記します。また、詳細に1つ1つのクラス·オブジェクトの構造について説明する際は属性と振る舞いを表記します。

クラス・オブジェクトは主に構成図で使います。

■ オブジェクト・クラスの要素図形

オブジェクト名：クラス名

クラス名

オブジェクト名：クラス名
属性名 = 値 属性名 = 値

クラス名
- 属性名：データ型 - 属性名：データ型
+ 振る舞い名(引数)：戻り値 + 振る舞い名(引数)：戻り値

開始／アクション／完了

開始、完了はシステム又は機能の処理の始まりと終わりを表します。アクションはシステム又は機能の処理を表します。

UMLにおいて開始の要素図形は黒丸で表記します。終了の要素図形は黒丸とその周りに円を加えた形で表記します。

アクションの要素図形は角丸の矩形で表記し、アクションの要素図形の中には処理の内容を表記します。

■ 開始、完了、アクションの要素図形

処理の内容

関連

UMLにおいて関連の関連線は要素図形と要素図形を実線で繋ぎます。また、線の上に関連の意味の説明を加えたり、線の末端に矢印を表記したり、数字を表記することもあります。関連の関連線は主に構成図で使います。

■ 関連の関連線

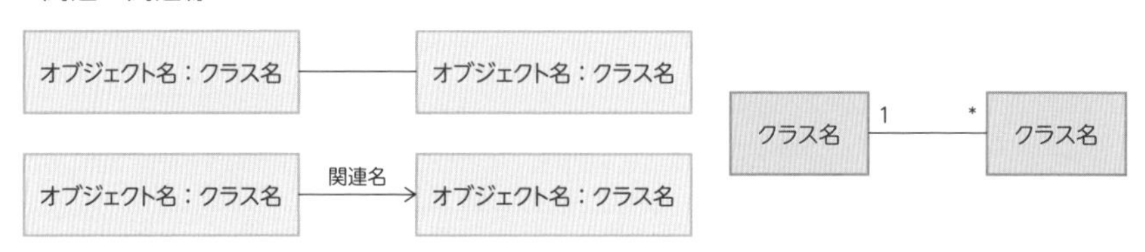

遷移

遷移とは状態や処理が次に進むことをいいます。UMLにおいて遷移の関連線は要素図形と要素図形を先端に矢印を追加した実線で繋ぎます。また、線の上に遷移の条件などを表記することもあります。遷移の関連線は主に振る舞い図で使います。

実線の矢印は関連の線でも使われていましたが、ここでは別の意味で使われます。UMLでは基本的には図形や線は固有の意味を持ちますが、このように、同じ図形や線の形でも意味が違うことも稀にあるので注意が必要です。

■ 遷移の関連線

その他の要素

UMLではその他、様々な要素図形や関連線があります。例えば、システムの利用者を表すアクタや、システムの部品を表すコンポーネントなどの要素図形があります。

また、クラス間の拡張の関係や包含の関係を示す関連線もあります。更に、補足情報として、要素図形をまとめるパッケージ、パーティション、レーンなども存在します。

■ UMLを構成する様々な要素

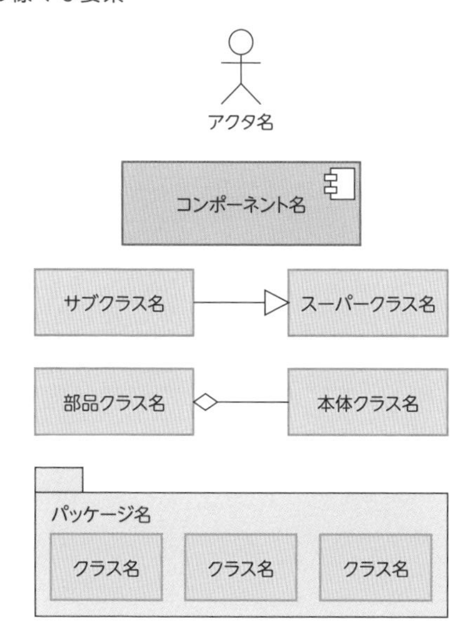

まとめ

- UMLは主に様々な種類の要素図形から構成される
- 要素図形の関係性を様々な種類の関連線や様々な種類の区分で表現できる

03 共通メカニズム ～UMLの補足情報の記載～

UMLには3-02で紹介した要素の他に、補足情報を加えることができます。ここでは、共通メカニズムについて学んでいきましょう。

ステレオタイプ

ステレオタイプとは要素図形や関連線に更に厳密な定義を加えるものです。

ここまで、様々な要素図形や関連線に**<<ステレオタイプ名>>**というような表記があったかと思います。

例えばエンティティのクラスを詳細に表記する場合に、クラス名の上に<<entity>>とステレオタイプを表記しました。これによってただのクラスではなくエンティティを表すクラスであることを定義できます。

また、依存の関連線に<<access>>とステレオタイプを表記することで、ただの依存ではなくアクセスのタイプの依存であることを表せます。

■ステレオタイプの例

ステレオタイプの書き方

<<ステレオタイプ名>>

ステレオタイプの使い方

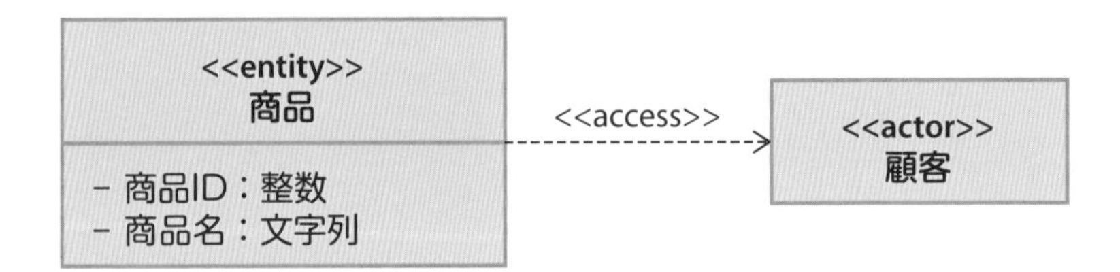

このように、ステレオタイプを利用することで、要素図形や関連線をより厳密に定義できます。

あまり用いられませんが、例えばアクタの棒人間の要素図形も<<actor>>とステレオタイプを表記して定義することも可能です。また、アクションの角丸四角形の要素図形も同様に<<action>>とステレオタイプを表記して定義することも可能です。これは、これらの要素図形はclassiferという矩形で表す要素図形がもとになっているからです。

制約

制約とはUMLの中でクラスの属性などにオリジナルの規則／条件を加えるものです。例えば、商品の番号は10000より大きいということを表現する際は、商品番号の属性の後に{<10000}と制約を表記します。

■制約の例

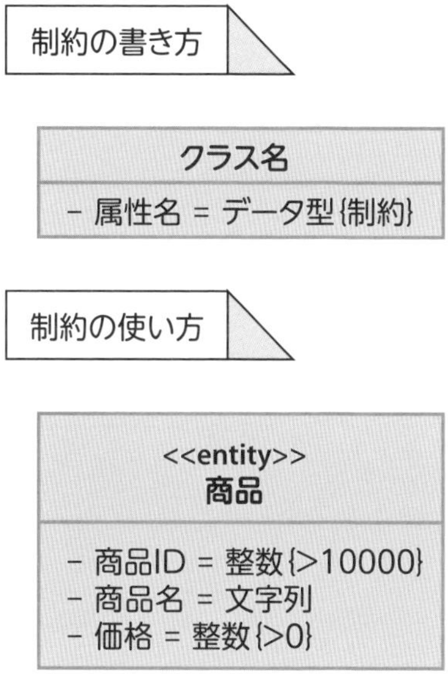

制約の書き方

クラス名

- 属性名 = データ型{制約}

制約の使い方

<<entity>>
商品

- 商品ID = 整数{>10000}
- 商品名 = 文字列
- 価格 = 整数{>0}

タグ付き値

タグ付き値とはUMLにバージョン情報などオリジナルの付加情報を加えるものです。例えば、振込機能という機能を実現するシステムの部品（コンポーネント、4-08参照）を設計し、その部品のバージョンに0.1とつけた場合、コンポーネントの名前の下に{version=0.1}とタグ付き値を表記することで、このコンポーネントのバージョンを表せます。

■ タグ付き値の例

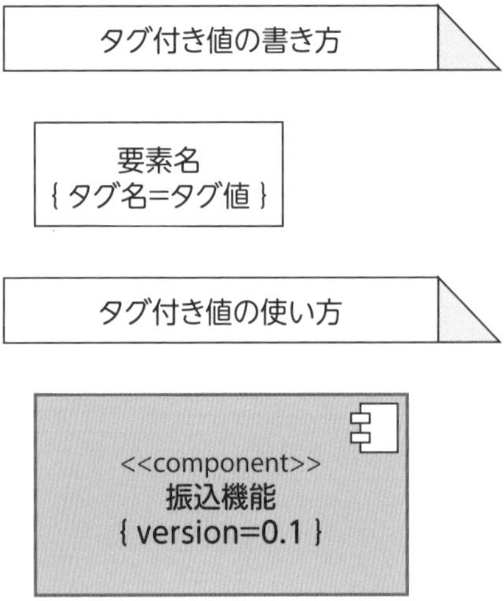

タグ付き値の書き方

要素名
{ タグ名=タグ値 }

タグ付き値の使い方

<<component>>
振込機能
{ version=0.1 }

ノート

ノートとはUMLに補足説明を加えるものです。UMLの要素に対して補足説明を行えます。基本的にはソースコードにおけるコメントのようなものです。

例えば、選手のクラスに補足説明を加えたい場合、補足説明をノートとして表記して、選手のクラスに点線で繋ぎます。これによって、UMLだけでは表現しきれない情報などを補足することができます。

また、ノートはアクティビティ図における分岐（5-04参照）の条件などを記載することもできます。要素図形と関連線で構成される図そのものはシンプルにして、ノートで補足することで、要素図形と関連線の機能をあまり覚えていない初級者にも読みやすいUMLを作成するために用いることもできます。

■ ノートの例

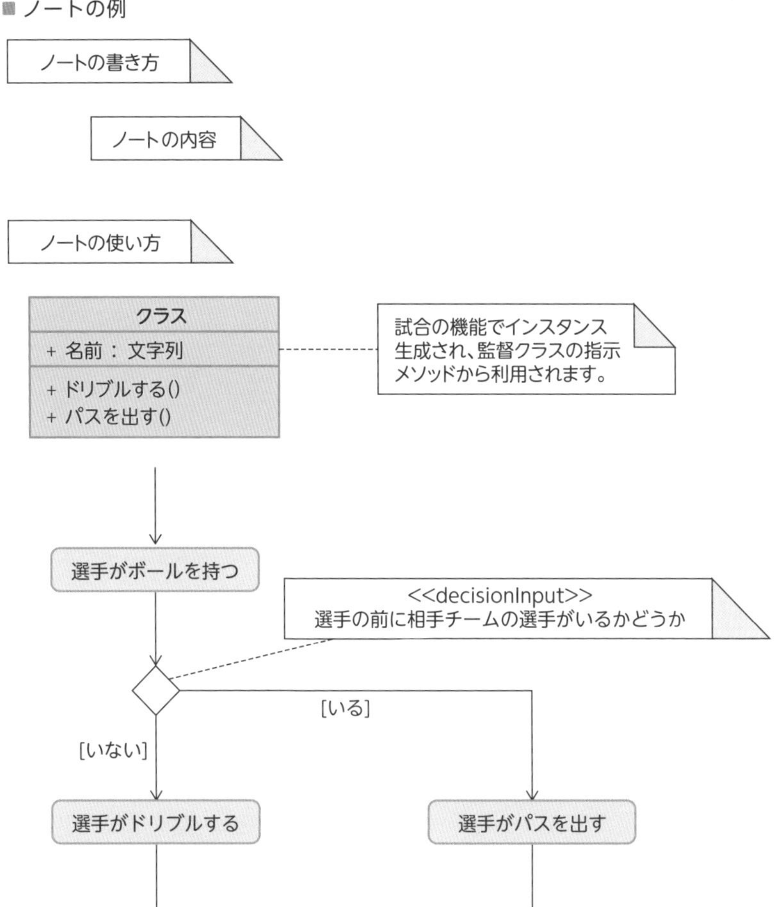

まとめ

- UMLには補足情報を加えるための共通メカニズムがある
- 補足情報を使うことでUMLの表現力を上げることができる

04 ツール ～UMLをより便利に扱う～

UMLを効率良く作成、閲覧、運用するために、様々なUMLを扱うツールがあります。ここでは、UMLのツールについて学んでいきましょう。

UMLのツールの利用

UMLは手書きや、描画ソフト、オフィス系のソフト等のツールを使って作成できますが、専用のツールを使うことによって、より手早く、より見やすく、より正確に作成できます。このようなUML用の作図機能だけでなく、プログラムと連携してくれるような高度な機能を備えているツールもあります。

ツールを用いることでUMLを用いたシステム開発の効率化やミスの防止などに繋がります。

■ ツールを使うことで簡単にUMLが作成できる

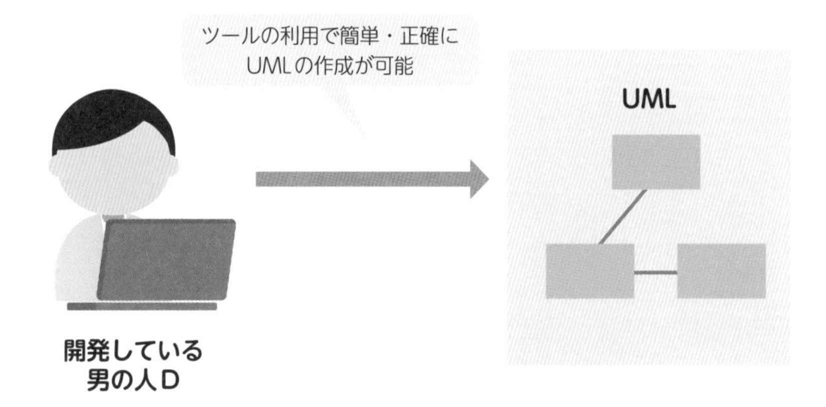

UMLのツールと機能の種類

UMLのツールの機能には様々な種類があります。例えば、図の作成を補助してくれる機能や、図の中の要素を意味的に連携してくれる機能、図からプログラムを自動生成してくれる機能などがあります。また、統合開発環境の機能の一部として搭載されている場合もあります。

それぞれの機能を備えた様々なツールやプラグイン、統合開発環境がありますので、ここではツールやプラグインについて紹介していきます。なお、本書のUMLはdrow.ioを利用して作成しています。

■ UMLを扱うツールと機能の例(2022現在)

	作成を補助	要素の連携	コード連携
drow.io	○	×	×
Lucidchar	○	○	×
GitMind	○	○	×
Edraw Max	○	○	×
Modelio	○	○	○
Astah	○	○	○
MagicDraw UML	○	○	○
Rational Rhapsody	○	○	○
Visio	○	○	○
Eclipse	○	○	△
Visual Studio	○	○	△
Visual Studio Code	○	○	△

○：実現可能
△：プラグインなどのオプション機能で実現可能
×：実現不可

UMLの覚え方

UMLは既にシステム開発の経験・知識のあるエンジニアなどにはある程度直感的に理解できますが、経験・知識が浅い人やこれから関わるという人には覚えることが多く難しいと感じるかもしれません。UMLも言語の一種と考え、言語学習などと同じように次のような方法で覚えると良いのかと思います。

■基本的なルールを覚える

英会話などでも会話の8割は500単語程度の組み合わせでできていると言われます。UMLでも一般的に用いられるのはほとんどがシンプルで基本的なルールです。応用的なモノはそれを拡張していると捉えられます。

まずは、3-02に出てきた要素図形と関連線を覚え、他はその拡張であると捉えていくと良いでしょう。

■具体例をイメージして覚える

言語を覚える際に、文字や記号の意味を覚えるだけではなく、イメージをして覚えると効率が良いと言われます。UMLの図を見た時も、まず図から実際のイメージを作ってみましょう。

本書では、ここまで様々なイメージの図をお見せしてきましたが、ここから先のUMLの図にも頭の中でイメージを作って読んでいくと理解が深まると思います。

■試しに0から自分で書いて覚える

言語学習に限らず、何かを覚える時は、アウトプットすることが重要だと言われて、特に、人に説明することは学習効率が良いと言われます。

UMLの文法を読むだけでは、中々覚えるのが難しいと思います。人に何かを説明する時に、UMLを使って説明してみると良いでしょう。また、そこまでの時間やツールが無い時は、頭の中でUMLにしたらこうなるな、というのをイメージすると良いでしょう。UMLに対する理解だけでなく、考えも整理され、分かりやすく説明できるようになると思います。

4章

UMLにおける構造図の基本文法

本章ではUMLの構造図の具体的な書き方について学んでいきます。また、イメージをつけるためにサンプルとして使い方も記載していきます。オブジェクトの静的構造を表現することのできる構造図は、システムの要素を整理するのに役に立ちます。紹介する全ての要素図形や関連線を覚えるのは大変ですが、基本的な内容や意味から覚えていき、まずは読めるレベルを目指しましょう。

01 オブジェクト図 〜図と図を構成する要素図形〜

オブジェクトの情報やオブジェクト間での関係について図示するのがオブジェクト図になります。ここでは、オブジェクト図について学んでいきましょう。

オブジェクト図とは

オブジェクト図は構造図の一種です。それぞれの**オブジェクトの属性の値やオブジェクト間の関係を表す**ための図です。

オブジェクト指向において、システムのソフトウェアに用いる要素の関係を示す図は一般的にクラス図が用いられます。しかし、抽象的な存在であるクラスをいきなり定義したり、検証したりするのは難しいため、まずはオブジェクトとして捉えます。この捉えたオブジェクトを図示したものがオブジェクト図になります。オブジェクト図は具体的なモノ・コトの関係性を表し、クラス図作成のための前準備として利用されることが多いです。

■ クラス図を作成するためにオブジェクト図を作成

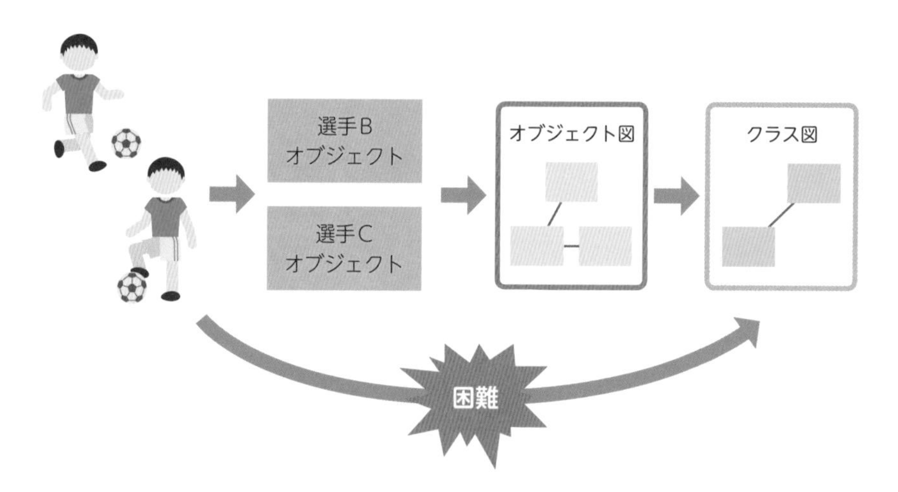

オブジェクト図で用いる要素図形の種類

オブジェクト図で主に用いる要素図形は基本的にオブジェクト（2-02参照）です。

オブジェクト図で用いる要素図形（オブジェクト）

オブジェクトの要素図形は矩形で表記します。要素図形の中に「**オブジェクト名：クラス名**」の形でオブジェクト名とクラス名を下線を引いて表記します。オブジェクト名が定まっていない場合は「**：クラス名**」のように省略できます。

オフジェクトの内部構造にも着目する場合は「**属性名＝値**」の形で属性名とその属性の値を表記します。

■オブジェクト図で用いるオブジェクトの要素図形の書き方と使い方例

オブジェクトの要素図形の書き方

オブジェクト名：クラス名

オブジェクト名：クラス名
属性名＝値 属性名＝値

オブジェクトの要素図形の使い方

A選手：選手

A選手：選手
名前＝田中 背番号＝11

まとめ

- オブジェクト図はクラス図作成の参考になる
- オブジェクト図はオブジェクトの要素図形を組み合わせて図を作成する

02 オブジェクト図 ～要素の関係性を示す関連線～

要素図形間の関係性は関連線で表します。ここでは、オブジェクト図で用いる関連線について学んでいきましょう。

オブジェクト図で用いる関連線の種類

オブジェクト図で主に用いる関連線は関連と包含（2-03参照）です。

オブジェクト図で用いる関連線（関連／包含）

関連の関連線はオブジェクトとオブジェクトを繋ぐ実線で表記します。また、関連の意味として線の上に説明を加えることや、関連の意味の方向性として先端に矢印をつけられます。例えば、A選手がチームBに所属する場合、「所属」という関連の意味を線の上に記載し、所属される側のチームBのオブジェクトの方の線の先端に矢印を記載します。

包含の関連線はオブジェクトとオブジェクトを繋ぐ、先端に菱形を加えた実線で表記します。包含関係が集約の場合は白抜きの菱形、コンポジションの場合は黒く塗りつぶした菱形で表記します。菱形は包含される側に記載します。例えば、車DがゴムタイヤCを保持している場合、集約される側のゴムタイヤCのオブジェクトの方の線の先端に白抜きの菱形を記載します。また、車Fの部品として電気エンジンEがある場合、コンポジションされる側の電気エンジンEの方の線の先に黒塗りの菱形を記載します。

■ オブジェクト図で用いる関連・包含の関連線の書き方と使い方例

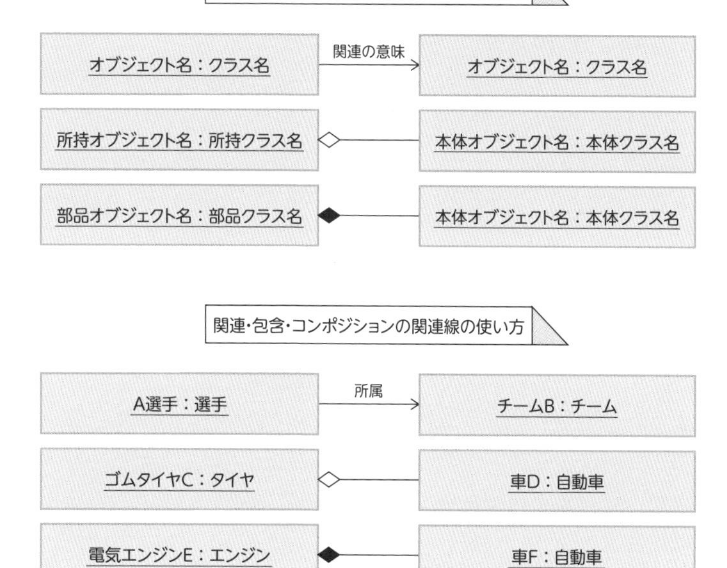

まとめ

- オブジェクト図はオブジェクトの静的構造を表す
- オブジェクト図はオブジェクト間の関連／包含関係を表せる

03 クラス図 ～図と図を構成する要素図形～

クラスの情報やクラス間での関係について図示するのがクラス図です。ここでは、クラス図について学んでいきましょう。

クラス図とは

クラス図は構造図の一種です。**クラスの属性の定義や振る舞いの定義、クラス間の関係を表す**ための図です。クラス図はオブジェクト図を抽象化したものともいえます。クラス図はシステムに用いる、モノ・コトの静的な構造を抽象的なレベルから詳細なレベルまで表現できます。詳細に定義したクラス図を元にプログラムを製造できます。

実践的な例を参考にしたい方は9-03を参照してください。

■ クラス図からプログラムを作成

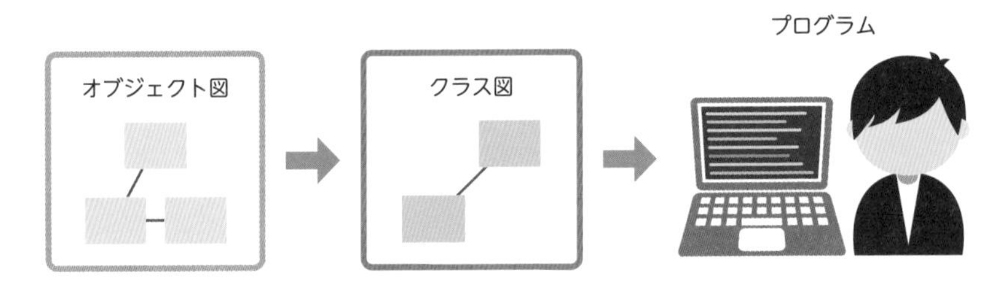

クラスで用いる要素図形の種類

クラス図で主に用いる要素図形はクラス（2-02参照）とインターフェース（2-03参照）です。

クラスで用いる要素図形（クラス）

クラスの要素図形は矩形で表記します。中にクラス名を表記します。詳細に表記する場合は、矩形を分けて、上から1つ目にクラス名を表記し、2つ目に属性、3つ目に振る舞いを表記します。属性と振る舞いには、冒頭にカプセル化のアクセス修飾子（2-05参照）の機能として、次の記号を表記します。

記号	アクセス範囲
+	どこからでも利用可能
-	自クラスからのみ利用可能
#	自クラスとサブクラス（2-03参照）からのみ利用可能
~	同一パッケージ内からのみ利用可能

属性は「アクセス修飾子記号 属性名：データ型」の形で属性名とその属性の値を表記します。例えば、「選手」のクラスにおいて、自クラスからのみ利用される「名前」という文字列で表現される属性を記載する場合は、「- 選手：文字列」と記載します。

振る舞いは、「アクセス修飾子記号 振る舞い名(引数名:引数の型):戻り値の型又は戻り値名」の形で振る舞いについて表記します。抽象的な説明として記載する場合、型について省略することもできます。例えば、「選手」のクラスにおいて、どこからでも利用可能な「ドリブルする」という、引数「方向」と「距離」をとって戻り値に位置を返す振る舞いを記載する場合は、「+ ドリブルする(方向, 距離)位置」と記載します。

■ クラス図で用いるクラスの要素図形の書き方と使い方例

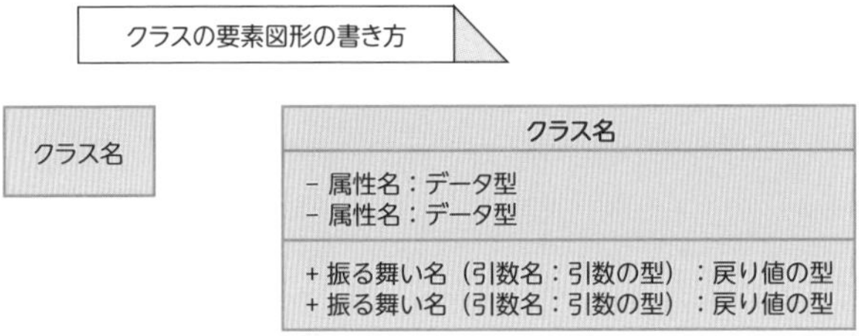

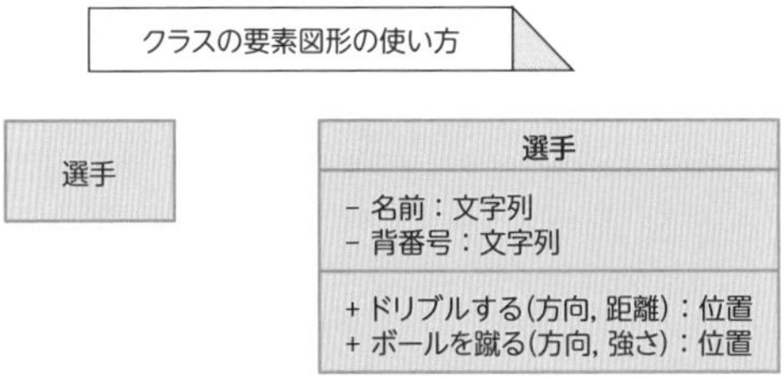

クラスの要素図形の書き方

クラス名

クラス名
− 属性名：データ型 − 属性名：データ型
+ 振る舞い名（引数名：引数の型）：戻り値の型 + 振る舞い名（引数名：引数の型）：戻り値の型

クラスの要素図形の使い方

選手

選手
− 名前：文字列 − 背番号：文字列
+ ドリブルする(方向, 距離)：位置 + ボールを蹴る(方向, 強さ)：位置

◎ クラスで用いる要素図形（インターフェース）

インターフェースの要素図形は小さい円形で表記します。上にインターフェース名を表記します。

振る舞いなどを詳細に表記する場合は、クラス同様に矩形で上の矩形にインターフェース名を表記します。

矩形は2つに分けて、上の部分にはインターフェース名の表記とその上に<<interface>>とステレオタイプを表記します。下の部分には振る舞いを表記します。振る舞いの表記方法はクラスの要素図形と同様です。インターフェースにおける振る舞いは基本的にどこからでも利用できるものにするため、+を記載します。

インターフェースにおける属性として定数を用いる事もありますが、UMLにおけるクラス図では定数の記載は仕様に入っていません。どうしても記載する場合は、クラスの要素図形と同様に矩形を3つに分けて、2番目の部分に下線付きなどで記載することもあります。

■ クラス図で用いるインターフェースの要素図形の書き方と使い方例

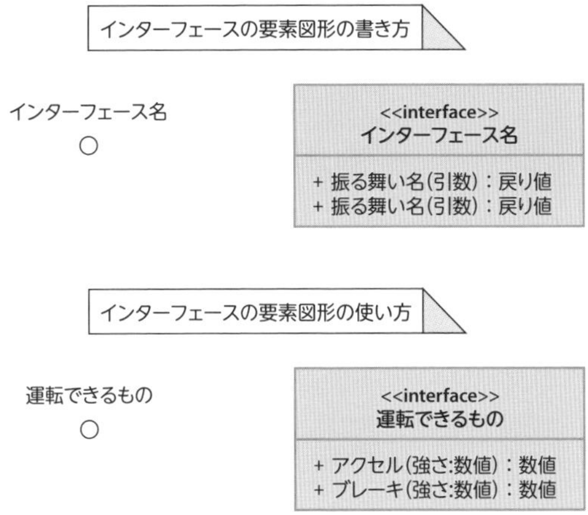

インターフェースの要素図形の書き方

インターフェース名
○

<<interface>>
インターフェース名
+ 振る舞い名(引数) : 戻り値
+ 振る舞い名(引数) : 戻り値

インターフェースの要素図形の使い方

運転できるもの
○

<<interface>>
運転できるもの
+ アクセル(強さ:数値) : 数値
+ ブレーキ(強さ:数値) : 数値

クラスで用いる要素図形 (バウンダリ／エンティティ／コントロール)

クラスの要素図形はクラスの性質によって更に細かく使い分ける場合もあります。これはOMGのUMLのクラス図における定義ではありませんが、利用されることが多いため、3つを紹介します。

クラスの要素図形をその性質によりバウンダリ、エンティティ、コントロールとして分類します。

バウンダリ

バウンダリはアクタが利用するモノやコトをクラス化したものです。画面のクラスやプリンタに出力するクラスなどがそれにあたります。**バウンダリの要素図形は円形とその左に縦線と横線を表記**します。属性や振る舞いなどを詳細に表記する場合はクラス名の上に<<boundary>>とステレオタイプを表記します。属性と振る舞いの表記方法はクラスと同様です。

例えば、「商品一覧画面」のクラスはバウンダリにあたり、バウンダリの要素図形で記載する場合とクラスの要素図形に<<boundary>>とステレオタイプを表記して記載する場合があります。

エンティティ

エンティティはシステムでデータとして扱い、DBなどで永続的に記録することが多いモノやコトをクラス化したものです。一覧管理する「社員情報」のクラスや「販売記録」などのクラスがそれにあたります。**エンティティの要素図形は円形とその下に横線を表記**します。属性や振る舞いなどを詳細に表記する場合はクラス名の上に<<entity>>とステレオタイプを表記します。属性と振る舞いの表記方法はクラスと同様です。

例えば、「商品」のクラスはエンティティにあたり、エンティティの要素図形で記載する場合とクラスの要素図形に<<entity>>とステレオタイプを表記して記載する場合があります。

コントロール

コントロールは業務や機能を管理するマネージャーのようなモノやコトをクラス化したものです。販売業務では初めに商品の一覧を提示し、選ばれた商品の在庫の更新の処理を行う、というような「社員管理」や「在庫管理」などのコトのクラスです。**コントロールの要素図形は円形とその上部に矢印の先端を表記**します。属性や振る舞いなどを詳細に表記する場合はクラス名の上に<<control>>とステレオタイプを表記します。属性と振る舞いの表記方法はクラスと同様です。

例えば、「販売管理」のクラスはコントロールにあたり、コントロールの要素図形で記載する場合とクラスの要素図形に<<control>>とステレオタイプを表記して記載する場合があります。

まとめ

- **クラス図はシステムに用いるモノ・コトの構造をモデリングできる**
- **クラス図はクラスやインターフェースの要素図形を組み合わせて図を作成する**

■ クラス図で用いるバウンダリ・エンティティ・コントロールの要素図形の書き方と使い方例

バウンダリ・エンティティ・コントロールの要素図形の書き方

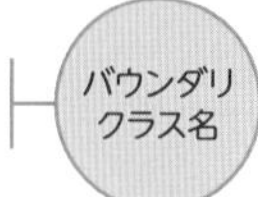

<<boudary>>
クラス名

－ 属性名：データ型

＋ 振る舞い名(引数)：戻り値

<<entity>>
クラス名

－ 属性名：データ型

＋ 振る舞い名(引数)：戻り値

<<coutrol>>
クラス名

－ 属性名：データ型

＋ 振る舞い名(引数)：戻り値

バウンダリ・エンティティ・コントロールの要素図形の使い方

<<Boudary>>
商品一覧画面

－ 検索窓：テキストボックス

＋ 検索する(検索ワード)：検索結果

<<Entity>>
商品

－ 商品番号：整数
－ 商品名：文字列
－ 価格：整数

<<coutrol>>
販売管理

＋ 販売する(商品番号)：販売結果

04 クラス図
～要素の関係性を示す関連線～

要素図形間の関係性は関連線で表します。ここでは、クラス図で用いる関連線について学んでいきましょう。

クラス図で用いる関連線の種類

クラス図で主に用いる関連線は関連、包含、依存、継承、実装（2-03参照）です。

クラス図で用いる関連線（関連／包含）

関連の関連線は**クラスとクラスを繋ぐ実線**で表記します。関連の意味として、線の上に説明を加えることや先端に矢印をつけられます。

包含関係における集約の線は**クラスとクラスを繋ぐ、先端に白抜きの菱形を加えた実線**で表記します。集約の意味として、線の上に説明を加えられます。

包含関係における集約の関連線は**クラスとクラスを繋ぐ、先端に白抜きの菱形を加えた実線**で表記します。また、関連の意味として、線の上に説明を加えられます。

包含関係におけるコンポジションの関連線は**クラスとクラスを繋ぐ、先端に黒塗りの菱形を加えた実線**で表記します。また、関連の意味として、線の上に説明を加えられます。

更に、クラス図における関連、包含の線には、線の両端に数量の関係を表記できます。例えば、1つのチームに所属する選手の人数が11人である場合、チームのクラスに接する側の線の端に1という数とその単位であるチーム数、もう片方の選手クラスBに接する側の線の端に11という数とその単位である「人数」と表記することで表現できます。同様に1つの自動車が4つのタイヤを持つ場合、自動車のクラスに接する側の線の端に1という数とその単位である台数、もう片方のタイヤのクラスに接する側の線の端に4という数とその単位である「装着タイヤ本数」と表記することで表現できます。数の表記はアスタリスク(*)記号で「いくつでも」を表現できます。また「1..5」と表記することで「1から5まで」「2..*」と表記することで「2以上」などを表現できます。

■ クラス図で用いる関連／包含の関連線の書き方と使い方例

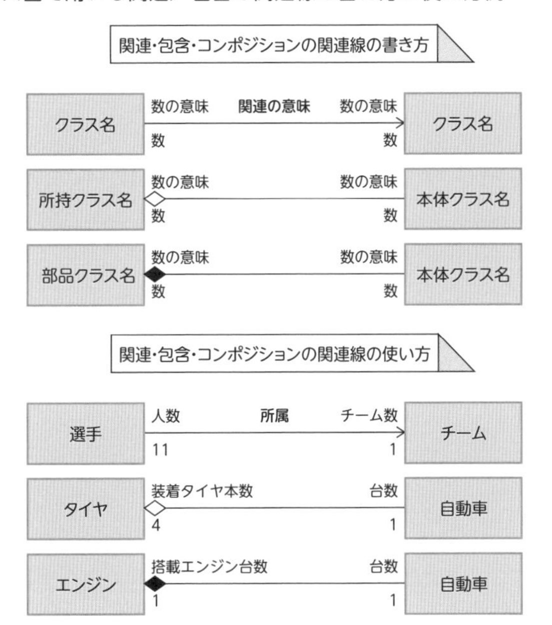

クラス図で用いる関連線（依存）

依存の関連線は**クラスとクラスを繋ぐ、先端に矢印を加えた点線で表記**します。線の上に<<use>>とステレオタイプを表記する場合もあります。また、依存の意味として、線の上に説明を加えることもできます。

■ クラス図で用いる依存の関連線の書き方と使い方例

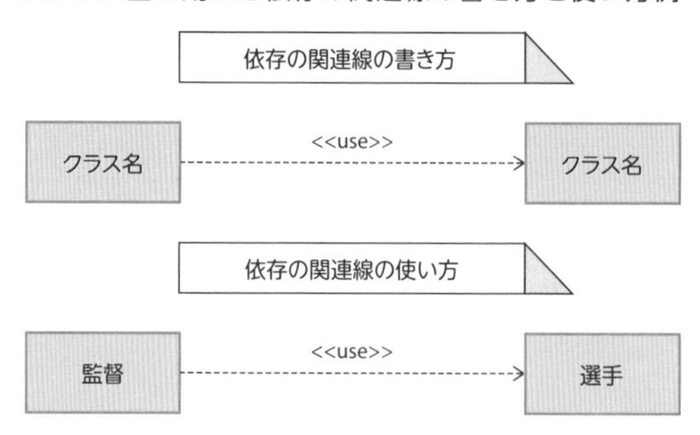

クラス図で用いる関連線（継承／実装）

継承の関連線は**スーパークラスとサブクラスを繋ぐ、先端に白抜きの三角形の矢印を加えた実線**で表記します。矢印は継承されるスーパークラス側につけます。

実装の関連線は**インターフェースとクラスを繋ぐ、先端に白抜きの三角形の矢印を加えた点線**で表記します。矢印はインターフェース側につけます。

継承や実装の矢印の方向について「AはBを継承（実装）する」という言葉の感覚からすると矢印の方向が逆ではないかと混乱してしまいがちです。「is aの関係」を思い出し、「A is a B」すなわち、「AはBの一種である」という言葉の感覚で覚えると良いです。

例えば、救急車は自動車の一種なので救急車から自動車に向けて矢印が引かれる形になります。救急車クラスは自動車クラスの振る舞いである「アクセル」とブレーキの機能を継承します。同様に、運転にまつわる振る舞いが定義されている運転インターフェースは、「運転できるモノ」と捉えることができ、自動車は（船や飛行機などと同様に）運転できるモノの一種なので、自動車から運転インターフェースに向けて矢印が引かれます。このように矢印の方向は、日本語における直感的な認識と違う場合もあるので気をつけましょう。この時、自動車クラスは運転インターフェースに定義されている「アクセル」と「ブレーキ」の振る舞いを実装します。

■ クラス図で用いる継承・実装の関連線の書き方と使い方例

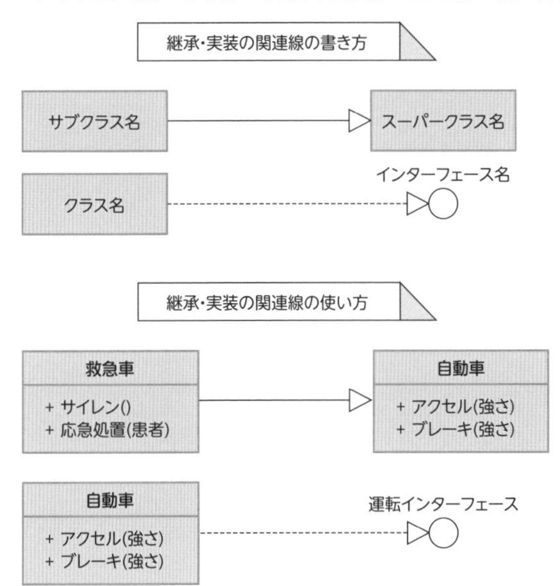

まとめ

- **クラス図はクラスの静的構造を表す**
- **クラス図はオブジェクト間の 関連・依存・継承などの関係を表せる**

05 合成構造図 ～図と図を構成する要素図形～

クラスやオブジェクトの構造関係について図示するのが合成構造図です。ここでは、合成構造図について学んでいきましょう。

合成構造図とは

合成構造図は構造図の一種です。**クラスやオブジェクトの関係**を表せます。合成構造図はオブジェクト図とクラス図を合成し、視覚的に構造を分かりやすくした図といえます。

■ オブジェクト図／クラス図→合成構造図

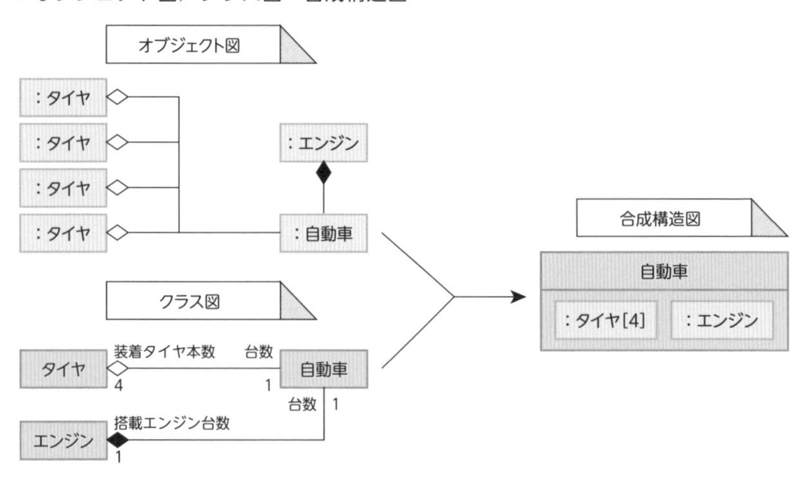

また、インターフェースなどを用いた依存関係も分かりやすく表現できます。ただし、何をクラスとして何をオブジェクトとして説明するのかを目的によって使い分ける必要があります。

合成構造図で用いる要素図形の種類

合成構造図で主に用いる要素図形はパートと構造化分類子とインターフェース（2-03参照）とポートです。

合成構造図で用いる要素図形（パート）

パートの要素図形は矩形で表記します。合成構造図におけるパートは基本的にオブジェクトのことを指します。要素図形の中に「**オブジェクト名:クラス名**」の形でオブジェクト名とクラス名を表記します。

例えば、エンジンのクラスにモデリングされるオブジェクトである水素エンジンAを表現する場合、「水素エンジンA：エンジン」と記載された矩形を表記します。

また、オブジェクト名が定まっていない場合は「**：クラス名**」のように省略して表記できます。

更に、同じクラスに分類される複数のオブジェクトを表現する場合は「**：クラス名[個数]**」のように表記することもできます。例えば、タイヤのオブジェクトが4つある場合はタイヤのパートの要素図形を4つ書くこともできますが、「：タイヤ[4]」と記載した1つのパートにまとめられます。

■ 合成構造図で用いるパートの要素図形の書き方と使い方例

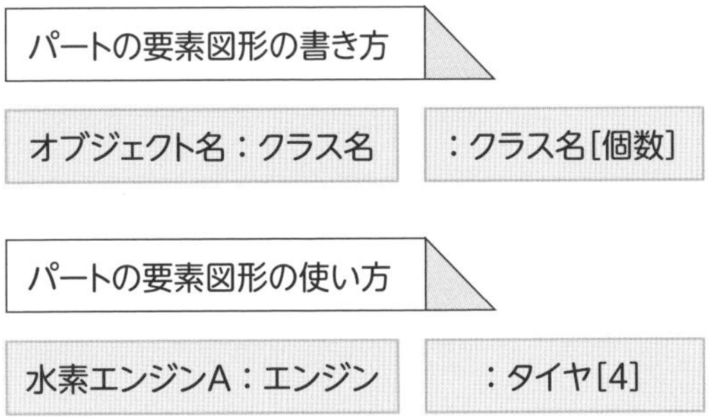

パートの要素図形の書き方

オブジェクト名：クラス名

：クラス名[個数]

パートの要素図形の使い方

水素エンジンA：エンジン

：タイヤ[4]

合成構造図で用いる要素図形（構造化分類子）

構造化分類子の要素図形は**矩形で表記**します。合成構造図における構造化分類子は基本的にクラスのことを指します。要素図形の上部にクラス名を表記します。更に要素図形の中にパートの要素図形を持てます。

例えば、自動車のクラスが属性として、4つのタイヤと1つのエンジンを持つ場合、自動車の構造化分類子の要素図形の中にタイヤとエンジンのパートを記載し表現できます。

■合成構造図で用いる構造化分類子の要素図形の書き方と使い方例

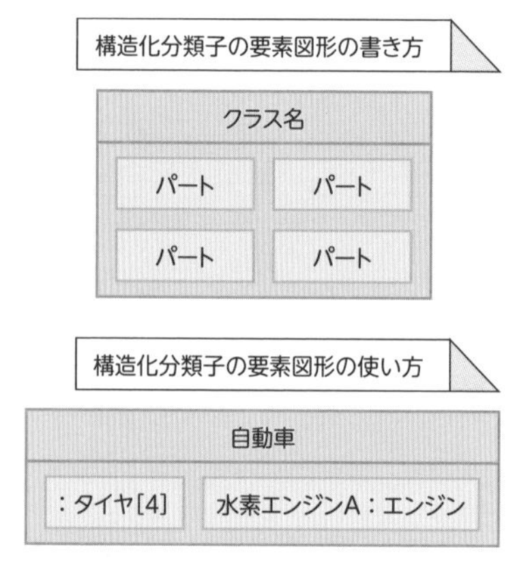

合成構造図で用いる要素図形（インターフェース）

合成構造図で用いるインターフェースは、**提供インターフェース**と**要求インターフェース**に分けられます。

提供インターフェースとは、合成構造子のクラスが実装しているインターフェースのことです。

要求インターフェースとは、合成構造子のクラスを利用するクラスに実装していて欲しいインターフェースのことです。

例えば、タイヤのクラスを使うクラスには動力のインターフェースを実装していて欲しいです。エンジンのクラスは動力のインターフェースを実装しています。この時、タイヤのクラスの合成構造子から出るのが要求インターフェース、エンジンのクラスから出るのが提供インターフェースです。

提供インターフェースは**小さい円形で表記**します。要求インターフェースは**小さい半円で表記**します。要求インターフェースに適した提供インターフェースを合わせる場合は2つの図形を結合させます。これらのインターフェースの要素図形の上には、インターフェース名を表記できます。

■ 合成構造図で用いるインターフェース／ポートの要素図形の書き方と使い方例

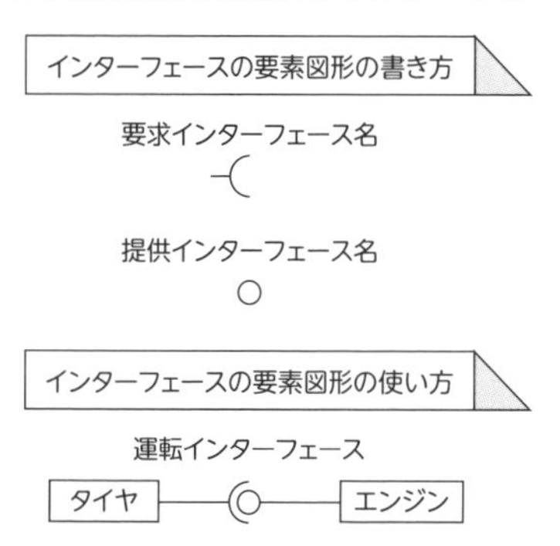

合成構造図で用いる要素図形（ポート）

ポートの要素図形は**小さい矩形**で表記します。構造化分類子やパートの外枠に配置できます。ポートとはカプセル化（2-05参照）の機能で守られているクラスまたはオブジェクトの機能を外部に公開する場所のことです。構造化分類子やパートが表すクラスやオブジェクトがインターフェースを実装し、機能を公開している場合は、ポートの要素図形とインターフェースの要素図形を繋げてで用います。

■合成構造図で用いるポートの要素図形の書き方と使い方例

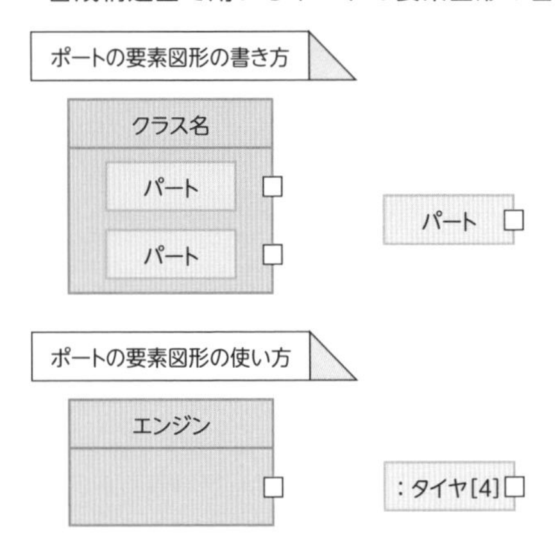

合成構造図で用いる関連線の種類

合成構造図で主に用いる関連線はコネクターです。

合成構造図で用いる関連線（コネクター）

コネクターの関連線は**パート、構造化分類子、インターフェースを繋ぐ実線**です。また、コネクターの意味として、線の上に説明を加えられます。コネクターによる接続は、主に依存関係などがあり、メッセージなどを行う関係がある場合に繋ぎます。

例えば、タイヤがエンジンによって駆動している場合、エンジンとタイヤをコネクターで繋ぎます。その際、エンジンが動力というようなインターフェースを実装しており、タイヤはそのインターフェースを利用して動作している場合は、エンジン側が提供インターフェース、タイヤ側が要求インターフェースを繋ぎ、2つのインターフェースを直接繋ぐことで、その関係を表現できます。

■ 合成構造図で用いるコネクターの関連線の書き方と使い方例

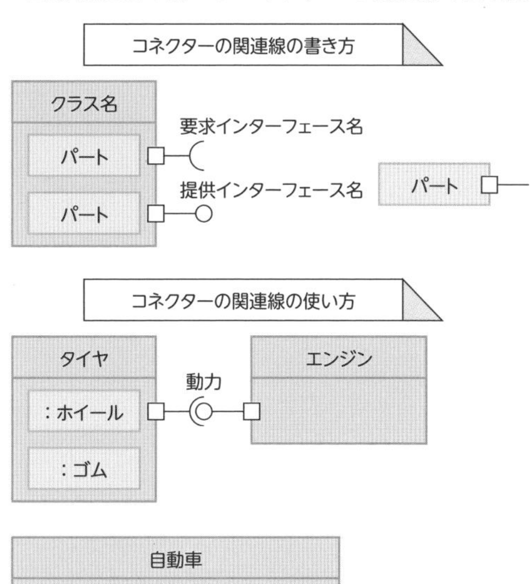

- 合成構造図はクラスなどの静的構造を、動作をイメージしやすく表せる
- 合成構造図はクラスやオブジェクト間の 依存などの関係を表せる

06 パッケージ図
～図と図を構成する要素図形～

クラスのパッケージ関係について図示するのがパッケージ図です。ここでは、パッケージ図について学んでいきましょう。

パッケージ図とは

パッケージ図は構造図の一種です。定義したクラスやインターフェースをどのようにパッケージに配置するのかの構造を表せます。また、パッケージ間のインポートの関係を示し、依存関係を表せます。実際に構築するシステムのファイルの配置などにも参考にできます。クラス図とまとめて利用する場合もあります。

実践的な例を参考にしたい方は9-03を参照してください。

■ パッケージ図でクラスを整理

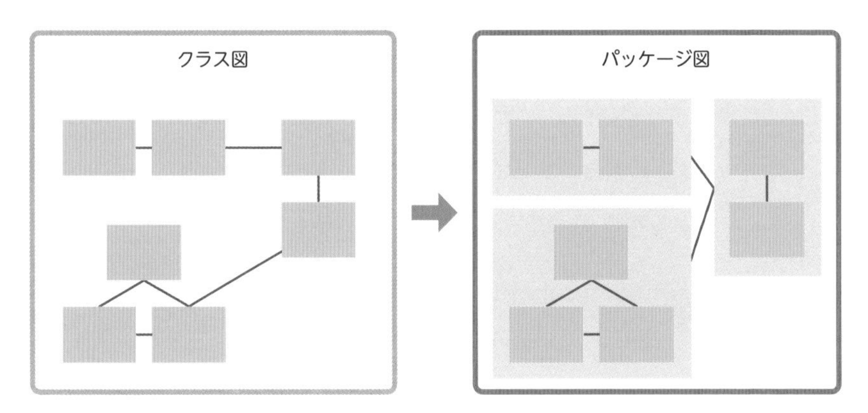

パッケージ図で用いる要素図形の種類

パッケージ図で主に用いる要素図形はクラス（2-02参照）とパッケージ（2-05参照）です。

パッケージ図で用いる要素図形（クラス）

クラスの要素図形はクラス図の書き方（4-03参照）と同様です。

パッケージ図で用いる要素図形（パッケージ）

パッケージの要素図形は**矩形とその上に小さい横長の矩形を組み合わせた形**で表記します。パッケージの下の矩形の中にはクラスやその他の要素図形を入れられます。中に要素図形を表記しない場合は、下の矩形の中にパッケージ名を表記します。中に要素図形を入れて表記する場合は、上の矩形の中にパッケージ名を表記します。

例えば、グラウンドというパッケージに選手とボールのクラスがあることを表す場合は、グラウンドのパッケージの要素図形内に2つのクラスの要素図形を記載します。

■ パッケージ図で用いるパッケージの要素図形の書き方と使い方例

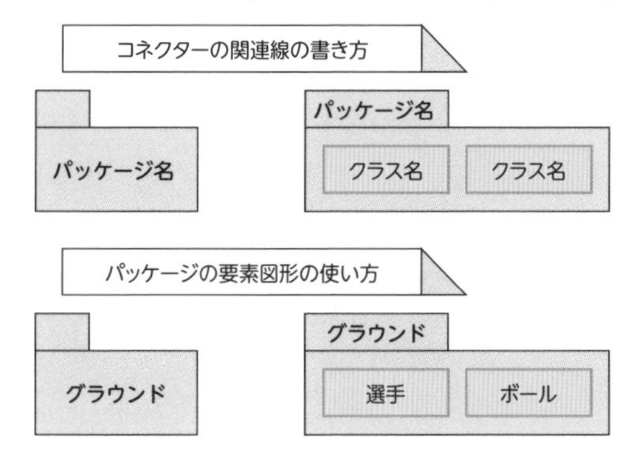

07 パッケージ図 ～要素の関係性を示す関連線～

要素図形間の関係性は関連線で表します。ここでは、パッケージ図で用いる関連線について学んでいきましょう。

パッケージ図で用いる関連線の種類

パッケージ図で主に用いる関連線は依存（2-03参照）とマージの線です。

パッケージ図で用いる関連線（依存）

パッケージ図で用いる依存は、アクセスとインポートの2種類に分けられます。アクセスとは、**依存先にあるパッケージ内のクラスやインターフェースを、依存元のパッケージ、クラス、インターフェースで利用できるようにする**ことです。インポートとは、**依存関係にあるパッケージ内のクラスやインターフェースを、依存元と更にその依存元のパッケージ、クラス、インターフェースで利用できるようにする**ことです。インポートの方が、より依存性が高いといえます。

2種類の違いの例として、例えば、銀行の振込業務において、顧客は受付の人を通して、システム課の人から自分の残高の確認処理を行えます。一方、窓口の人を通しても銀行の行内の情報を知ることはできません。しかし、窓口の人は銀行の行内の情報を知ることができます。いずれも受付の人とは依存関係のある機能ですが、残高の確認処理はインポート、お金の引き出しはアクセスです。

アクセスの関連線は**先端に矢印を加えた点線の上に<<access>>とステレオタイプ**を加えて表記します。

インポートの関連線は**線の先端に矢印を加えた点線の上に何も表記しないか<<import>>とステレオタイプ**を加えて表記します。

■ パッケージ図で用いる依存の関連線の書き方と使い方例

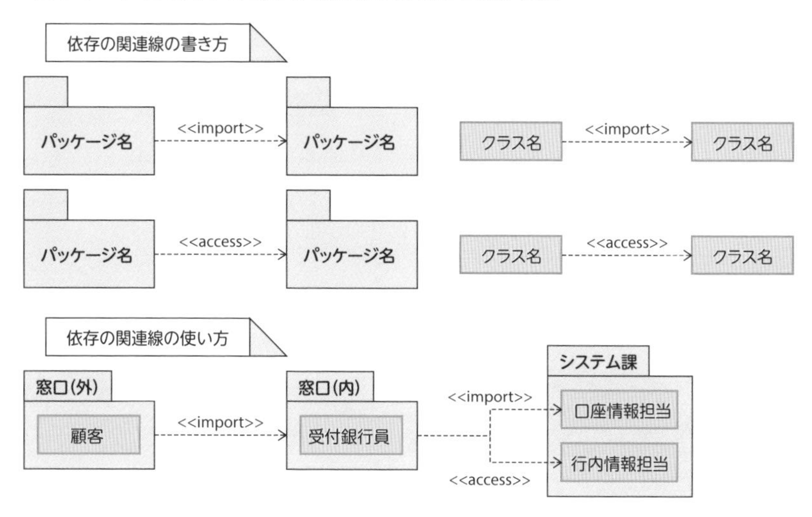

パッケージ図で用いる関連線（マージ）

マージとは、**2つのパッケージを合体させて1つのパッケージとして扱う**ことです。依存のインポートとの違いは、インポートは依存元と依存先に同じ名前のクラスがあった場合、依存元のクラスは依存先のクラスで上書きされます。一方、マージはクラスの要素が合体し、両方のクラスの属性と振る舞いを兼ね備えたクラスが生成されます。マージの関連線は**先端に矢印を加えた点線の上に<<merge>>とステレオタイプ**を加えて表記します。

例えば、会社の研究部門と開発部門を統合して研究開発部門を作る場合、2つの部門を研究開発部門にマージします。両方の部門にそれぞれ別にいた会計担当者は、統合後、両方の部門の会計担当者の業務を引き継いだ会計担当者となります。パッケージ図では研究部門のパッケージと開発部門のパッケージからマージの関連線を引き、研究開発部門のパッケージに繋ぐことで表現します。

このように別のシステムでは分割していたパッケージを新しい統合したパッケージで再利用する時などに使われます。

■パッケージ図で用いるマージの関連線の書き方と使い方例

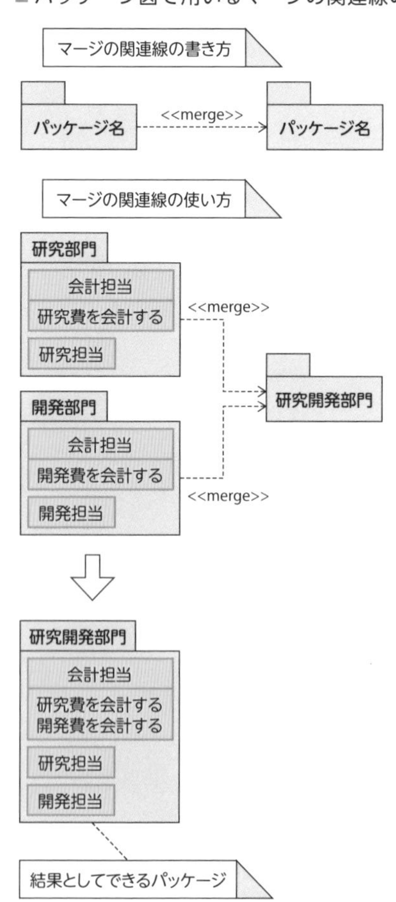

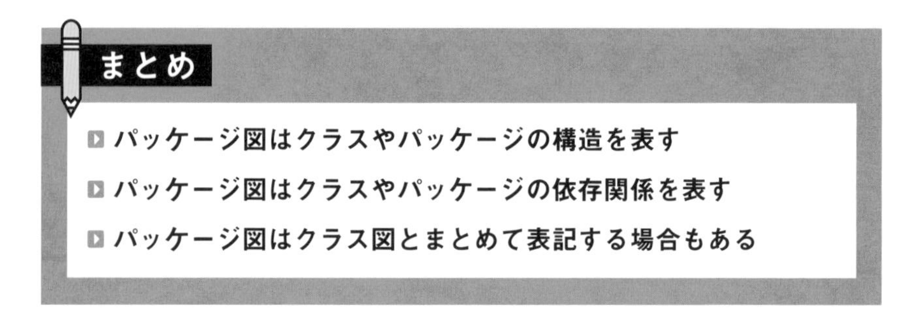

パターン

システムを開発する際は、一般的に0から構造を考えるわけではありません。沢山のシステムを開発してきた先人が考えた「システム開発におけるこういう状況では、こういう問題点があり、こういう解決策がある」というようなノウハウが提案されており、それを活用しながら開発していきます。このようなノウハウのことをパターンといいます。また「システム開発におけるこういう状況では、こういう問題点があり、こういう失敗が起きやすい」という反面教師にできるようなアンチパターンもあります。

システムを開発する上で様々なパターンを知ることは、車輪の再発明（既に発明されているものを、無駄に労力をかけて発明してしまうこと）を避け、先人の洗練された知恵を学ぶことにも繋がります。システム開発のパターンとしては、GoFパターンが有名です。

ここでは簡単な例としてGoFパターンのFacadeパターンについて紹介します。Facadeパターンは、クラスが増えきて、振る舞いの利用方法が煩雑になった時に、振る舞いを利用するクラスをまとめるパターンです。例えば、銀行業務パッケージを利用するにあたり、利用する全てのクラスをimportするのではなく、銀行業務Facadeクラスだけをインポートすればこのパッケージを利用できるようにすると便利になります。このように利用する振る舞いをFacedeのクラスにまとめるのがFacadeパターンです。

■ Facadeパターンの例

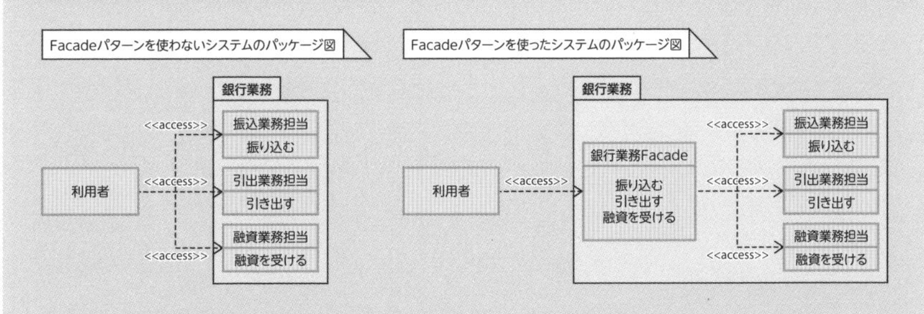

08 コンポーネント図 ～図と図を構成する要素図形～

システムの機能の関係について図示するのがコンポーネント図です。ここでは、コンポーネント図について学んでいきましょう。

コンポーネント図とは

コンポーネント図は構造図の一種です。コンポーネント図では**コンポーネントの連携や依存関係などを表現**できます。コンポーネントとは単体で機能を果たす部品のことです。図の構成は基本的に合成構造図（4-05参照）と同じです。コンポーネントはクラスやパッケージ以上に大きい単位として扱われることが多く、合成構造図より抽象的にシステムの広い範囲の構造を表現しやすい図です。

実践的な例を参考にしたい方は9-02を参照してください。

■ コンポーネントとして機能毎に整理

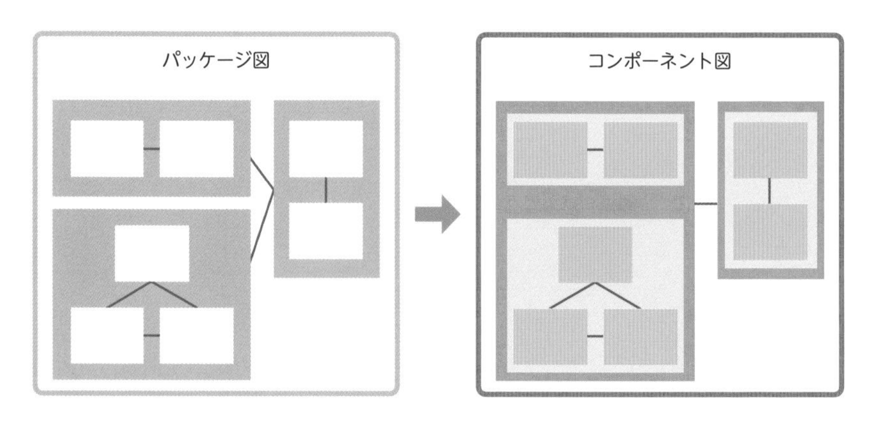

コンポーネント図で用いる要素図形の種類

コンポーネント図で主に用いる要素図形はポート／パート／インターフェース／コンポーネント／ポートです。

コンポーネント図で用いる要素図形（パート）

パートの要素図形は**矩形で表記**します。コンポーネント図におけるパートは基本的にパッケージやクラス、オブジェクトのことを指します。要素図形の中に「**パッケージ名**」、「**クラス名**」、「**オブジェクト名：クラス名**」などの形で名前を表記します。パートがオブジェクトを表すが、具体的なオブジェクト名が定まっていないという場合は、「**：クラス名**」のように省略して表記できます。また、クラスが複数のオブジェクトを持つ形を表現する場合は「**:クラス名[個数]**」のように表記することもできます。

例えば、窓口担当のクラスや顧客関連のクラスが含まれているパッケージは、中にクラス名やパッケージ名を記載した矩形でパートとして表記できます。

■ コンポーネント図で用いるパートの要素図形の書き方と使い方例

パートの要素図形の書き方

パート名　　パート名

パートの要素図形の使い方

窓口担当　　顧客関連情報

コンポーネント図で用いる要素図形（コンポーネント）

コンポーネントの要素図形は右上にコンポーネントのマークを表記した矩形で表記します。中に<<component>>とステレオタイプを表記し、その下にコンポーネント名を表記します。コンポーネントのマークがある場合、<<component>>のステレオタイプ表記は省略することもできます。

コンポーネントのインターフェース構造を詳細に表記する場合は矩形を上下に分け、上の矩形に<<component>>のステレオタイプとコンポーネント名、下の矩形にパートまたはコンポーネントを表記します。

また、下の矩形に要求インターフェース（provided interface）や提供インターフェース（required interface）の定義を記載できます。例えば、銀行振込機能のコンポーネントについて、銀行振込機能は窓口対応のインターフェースを通してその機能を利用することができることを、提供インターフェースの記載で表現できます。更に、別のコンポーネントが提供する金庫操作のインターフェースを利用することで機能を実現できることを、要求インターフェースの記載で表現出来ます。また、パートなどコンポーネントを実現する要素（realization）やコンポーネントを実装するファイル（artifact）なども新たに矩形を下に設けて定義できます。

■ コンポーネント図で用いるコンポーネントの要素図形の書き方と使い方例

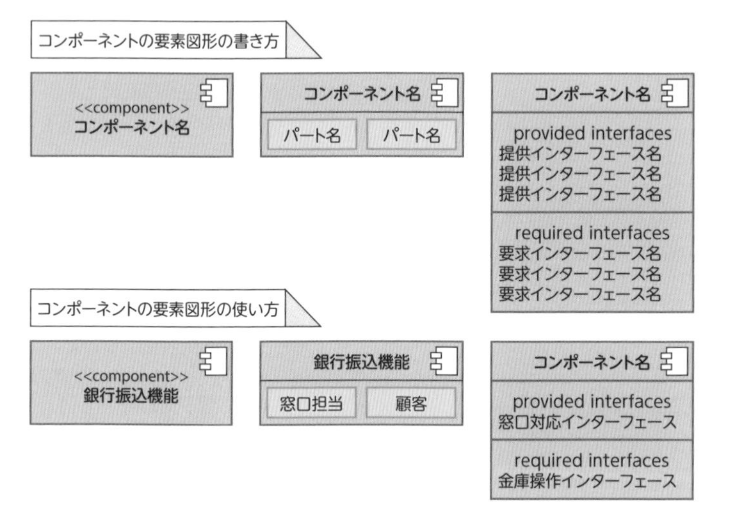

コンポーネント図で用いる要素図形（インターフェース／ポート）

提供インターフェースと要求インターフェースについては合成構造図の書き方（4-05参照）と同様です。提供インターフェースは小さい円形で表記します。要求インターフェースは小さい半円で表記します。

ポートについても合成構造図の書き方（4-05参照）と同様です。ポートは小さい矩形で表記します。

■ コンポーネント図で用いるインターフェース・ポートの要素図形の書き方と使い方例

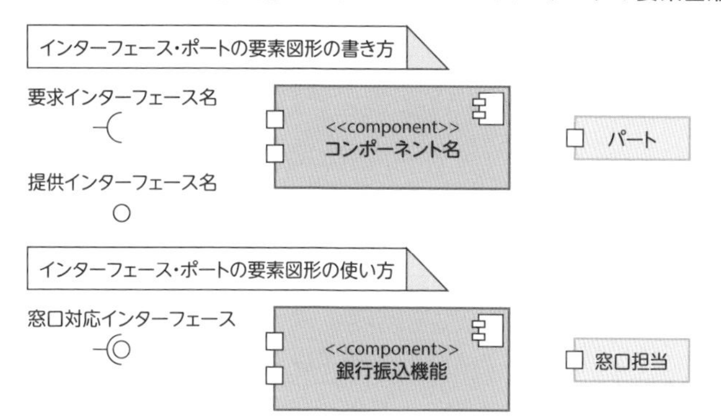

まとめ

- コンポーネントとは単体で機能を実現するシステムを構成する部品
- コンポーネント図はコンポーネントの機能とインターフェースの構造を表す

09 コンポーネント図 ～要素の関係性を示す関連線～

要素図形間の関係性は関連線で表します。ここでは、コンポーネント図で用いる関連線について学んでいきましょう。

コンポーネント図で用いる関連線の種類

コンポーネント図で主に用いる関連線はコネクターと関連、包含、依存、継承、実装（2-03参照）です。

コンポーネント図で用いる関連線（コネクター）

コンポーネント図におけるコネクターはコンポーネント間やコンポーネントとインターフェースの間に依存関係があることを表します。コネクターの関連線はコンポーネント、パート、インターフェース、ポートを繋ぐ実線です。また、コネクターの意味として、線の上に説明を加えられます。

■ コンポーネント図で用いるコネクターの関連線の書き方と使い方例

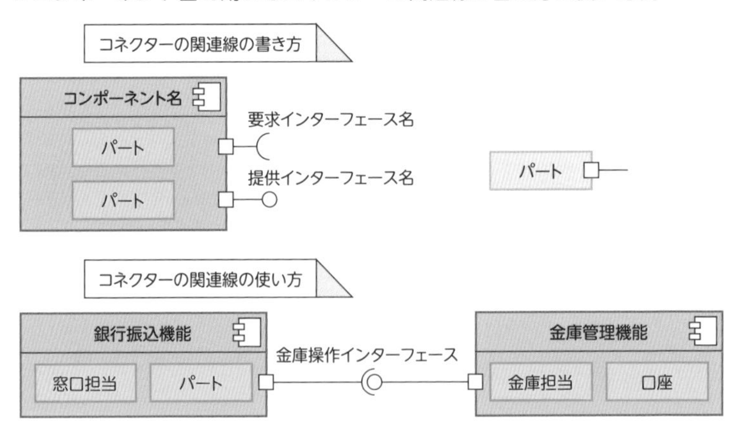

コンポーネント図で用いる関連線（関連／包含／依存／継承）

コンポーネント図における関連／包含／依存／継承の関連線はクラスやオブジェクトを表すパートを繋ぎます。書き方はいずれもクラス図（4-04参照）と同じです。

■コンポーネント図で用いる関連・包含・依存・継承の関連線の書き方と使い方例

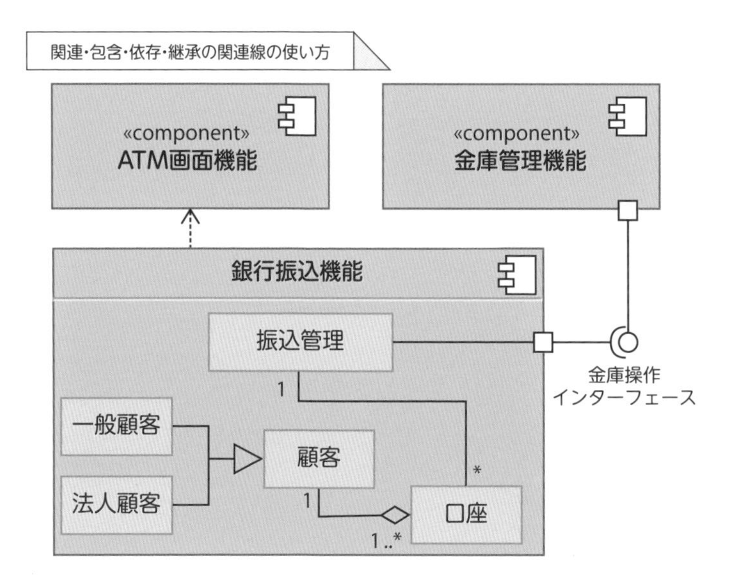

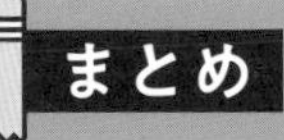

- コンポーネント図はコンポーネント間の依存などの関係を表せる

10 配置図
～図と図を構成する要素図形～

システムの部品の物理的な配置関係について図示するのが配置図です。ここでは、配置図について学んでいきましょう。

配置図とは

配置図は構造図の一種です。**システムの部品の物理的な配置**を表せます。ソフトウェアの設定ファイルやjarファイルやdllファイルなどのライブラリなどの配置を表現できます。また、各ファイルの依存関係なども表せます。合成構造図と似た構成をしていますが、配置図における要素はクラス／パッケージよりも更に大きい単位として扱われることが多く、合成構造図やクラス図より抽象的にシステムの広い範囲の構造を表現しやすい図です。

■ システムの一部のソフトウェア部をモデリングするクラス図とシステムのハードウェアも含めた範囲をモデリングする配置図

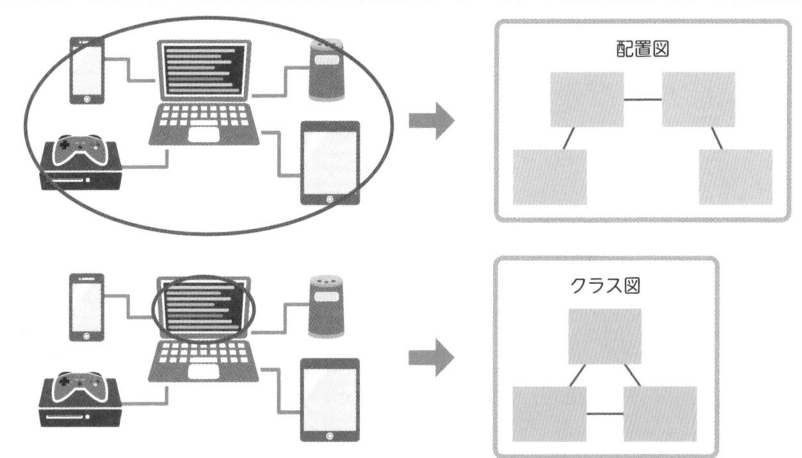

また、これらのソフトウェア的な構造だけでなく、具体的なファイルの配置などを表現します。実践的な例を参考にしたい方は9-01を参照してください。

配置図で用いる要素図形の種類

配置図で主に用いる要素図形はアーティファクト、スペック、デバイスです。

配置図で用いる要素図形（アーティファクト）

アーティファクトとは、jarファイルやdllファイルなどのライブラリを表します。**アーティファクトの要素図形は右上にファイルのマークを表記した矩形**で表記します。上部に<<artifact>>とステレオタイプを表記し、その下にアーティファクト名を表記します。アーティファクト名は下線を引きます。

■配置図で用いるアーティファクトの要素図形の書き方と使い方例

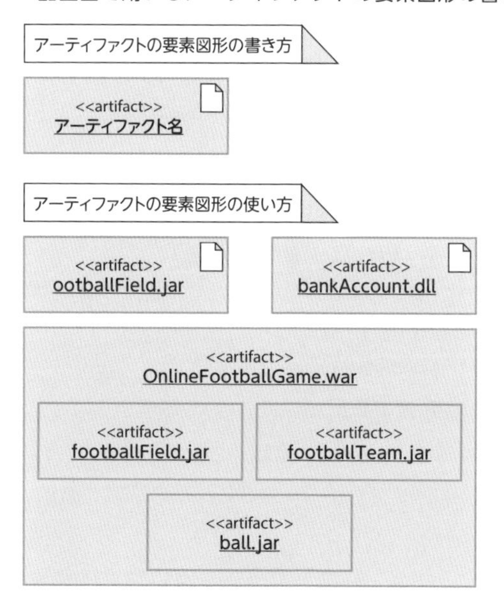

配置図で用いる要素図形（スペック）

スペックの要素図形は**矩形で表記**します。中に設定値が書かれているファイル名を表記します。詳細に表記する場合は矩形を2つに分け、上の矩形に設定名、又は設定ファイル名を表記し、下の矩形に「**設定値名：設定値**」を表記していきます。具体的な設定値が定義される場合はファイル名又は設定名に下線を引き、設定の型の定義である場合はファイル名又は設定名に下線は引きません。

■ 配置図で用いるスペックの要素図形の書き方と使い方例

スペックの要素図形の書き方

<<deployment spec>>
設定ファイル名

<<deployment spec>>
設定名
設定値名：データ型名
設定値名：データ型名

<<deployment spec>>
設定名
設定値名：設定値
設定値名：設定値

スペックの要素図形の使い方

<<deployment spec>>
DisplayFont.xml

<<deployment spec>>
DisplayFont
文字の大きさ：整数
文字の色：文字列

<<deployment spec>>
DisplayFont
文字の大きさ：11px
文字の色：黒

配置図で用いる要素図形（デバイス／実行環境）

デバイスは物理的なハードウェアやOSなどのより基礎的な部品を表し、実行環はミドルウェアやフレームワークなどの部品を表すことが多いです。

デバイス／実装環境の要素図形は立方体で表記します。立方体の上部にデバイスの場合は<<device>>とステレオタイプを表記し、実行環境の場合は<<executionEnvironment>>とステレオタイプを表記します。その下に「**名前：種類**」を表記します。

デバイス／実行環境の中にはスペックやアーティファクトを表記できます。直接配置するファイル名を箇条書きすることもできます。

■ 配置図で用いるデバイス・実行環境の要素図形の書き方と使い方例

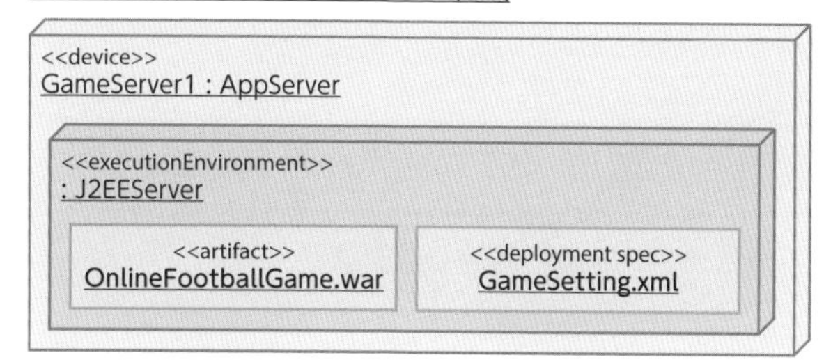

まとめ

- 配置図はシステムを構成するハードウェア及びソフトウェアの配置を表す

配置図 ～要素の関係性を示す関連線～

要素図形間の関係性は関連線で表します。ここでは、配置図で用いる関連線について学んでいきましょう。

配置図で用いる関連線の種類

配置図で主に用いる関連線は依存（2-03参照）と通信経路です。

配置図で用いる関連線（依存）

依存の関連線はパッケージ図の書き方（4-07参照）と同様です。配置図において依存の関連線はアーティファクトやスペックを繋ぎます。

■ 配置図で用いる依存の関連線の書き方と使い方例

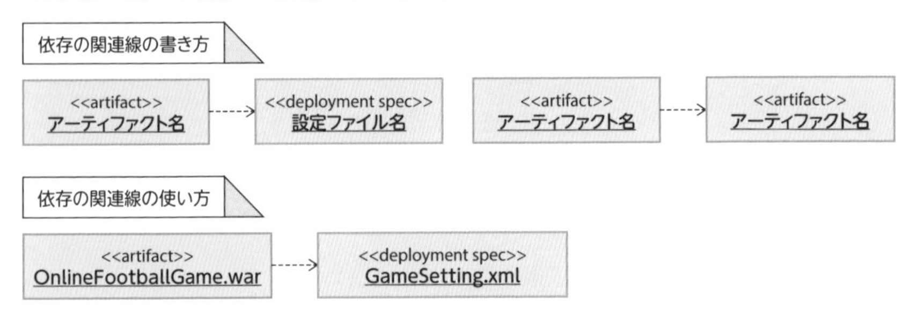

配置図で用いる関連線（通信経路）

通信経路の関連線はデバイスや実行環境を繋ぐ実線で表記します。また、通信経路の意味として、線の上に説明を加えられます。

例えば、Webサーバ、アプリケーションサーバ、DBサーバの3層構造をそれぞれ1つずつで構成する場合は、それぞれの間に通信経路の関連線を引き、線の両端に1と記載することで表現できます。

■ 配置図で用いる通信経路の関連線の書き方と使い方例

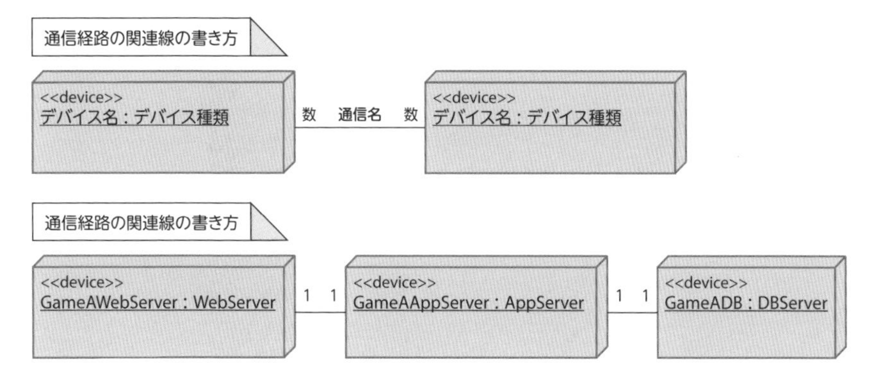

まとめ

- 配置図はシステムを構成するハードウェア及びソフトウェアの通信経路を表す
- 配置図はシステムを構成するハードウェア及びソフトウェアの依存関係を表す

依存性の逆転

システムの依存関係が整理されていない設計は、開発も行いづらく、変更にも弱くなります。このため、システムの依存関係を整理し、特に変更が多い部分を低依存にするような工夫がされます。依存性の逆転はこの工夫の一つです。

依存性の逆転は依存関係の方向を逆転させるものです。システムの部品Aが部品Bに依存している時、それを逆転させて部品Bが部品Aに依存している形にします。もし、部品Bが頻繁に変更されるようであった場合、部品Aが部品Bに依存していると部品Aも影響を受けて同時に頻繁に変更しなければなりませんが、これを依存性の逆転をさせていると、部品Bの変更だけで済みます。

4-09のコンポーネント図の関連／包含／依存／継承の使い方の例において、銀行振込機能はATM画面機能に依存しています。また、金庫管理機能の提供インターフェースも利用しており、金庫管理機能にも依存しているといえます。銀行振込機能は頻繁に変更があるものではないのに、これでは画面の変更があるたびに影響を受けてしまいます。また、特定の金庫管理機能に依存すると、別の金庫管理機能を利用したくなった際に適応することが出来ません。そこで、銀行振込機能側からインターフェースを提供し、各機能に利用して貰うことで再利用性の高い銀行振込機能を作れます。これが依存性の逆転の活用例です。

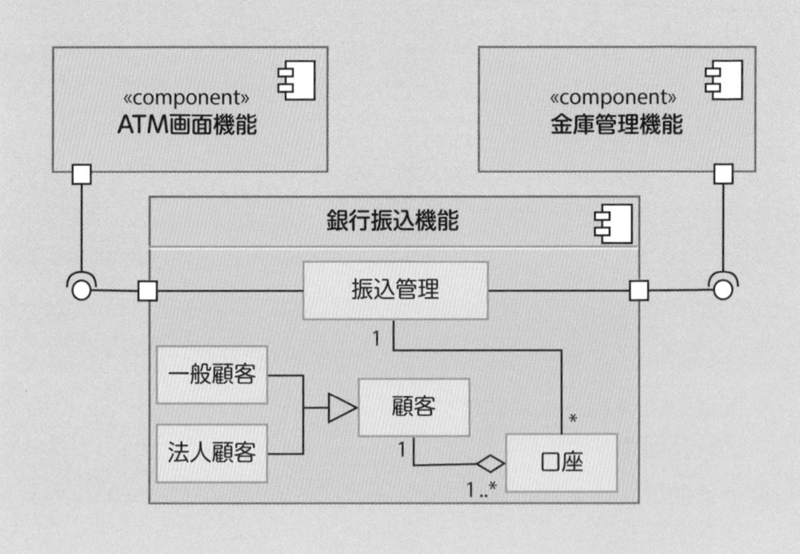

5章

UMLにおける振る舞い図の基本文法

本章ではUMLの振る舞い図の具体的な書き方について学んでいきます。また、イメージをつけるためにサンプルとして使い方も記載していきます。オブジェクトの動的構造を表現することのできる振る舞い図は、システムの動作を整理するのに役に立ちます。紹介する全ての要素図形や関連線を覚えるのは大変ですが、基本的な内容や意味から覚えていき、まずは読めるレベルを目指しましょう。

01 ユースケース図
～図と図を構成する要素図形～

システムで利用できる機能について図示するのがユースケース図です。ここでは、ユースケース図について学んでいきましょう。

ユースケース図とは

ユースケース図は振る舞い図の一種です。ユースケース図では**システムにはどのような機能があるのか**と、**誰がその機能を使えるのか**を表現できます。システムが備える機能のことをユースケースといい、機能を利用する誰かのことをアクタといいます。アクタは人間に限らずシステムを利用する別のシステムも含みます。ユースケース図はUMLの中でも特に分かりやすい図で、システムの利用できる機能について顧客に説明する目的で使われることが多いです。

■ ユースケース図はシステムの機能を把握できる分かりやすい図

ユースケース図の表記方法を用いて、システムについて詳細に説明することも可能ですが、詳細に表記しすぎると複雑で分かりづらくなってしまうことがあります。目的に合わせて分かりやすく表記することが重要です。実践的な例を参考にしたい方は8-06を参照してください。

ユースケース図で用いる要素図形の種類

ユースケース図で主に用いる要素図形はアクタとユースケースです。

ユースケース図で用いる要素図形（アクタ）

アクタの要素図形は棒人間で表記します。図形の下にアクタ名を表記します。

■ ユースケース図で用いるアクタの要素図形の書き方と使い方例

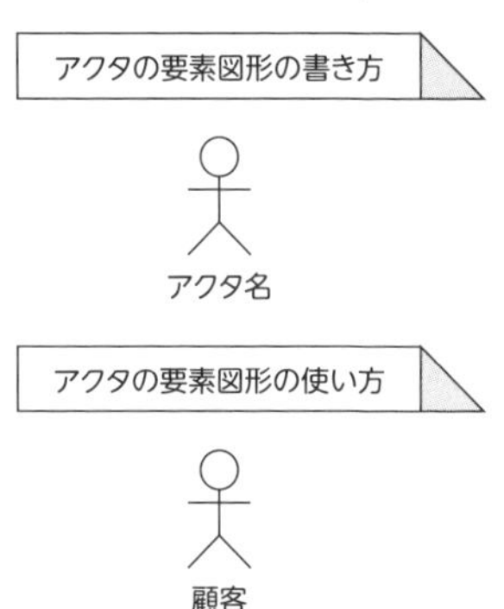

ユースケース図で用いる要素図形（ユースケース）

ユースケースの要素図形は**楕円**で表記します。図形の中にユースケース名を表記します。拡張ポイントがある場合は図形の中央に線を引いて区切り、上にユースケース名、下に拡張ポイント名を表記します。

拡張ポイントとは、ユースケースの機能に含まれるクラスの振る舞いが、別の機能を利用する場合があることを明記するものです。例えば、銀行の口座引出機能は本人確認を行う振る舞いが含まれますが、この本人確認の振る舞いは運転免許証の確認機能やマイナンバーカードの確認機能などの別の機能を呼び出します。この時に本人確認の振る舞いは**拡張ポイント**と呼ばれます。

■ ユースケース図で用いるユースケースの要素図形の書き方と使い方例

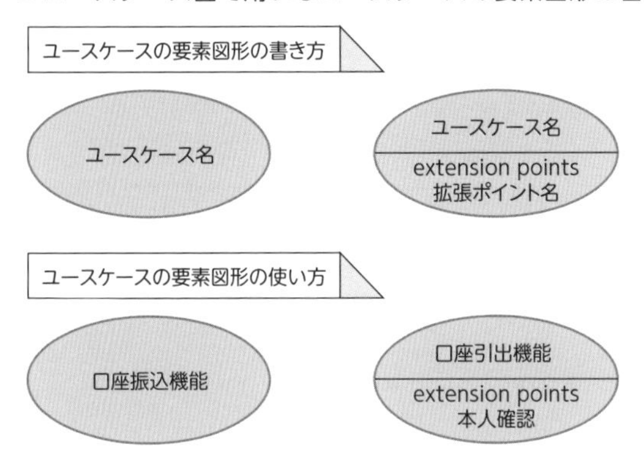

1ユースケース図で用いる関連線の種類

ユースケース図で主に用いる関連線は関連（2-03参照）、継承（2-05参照）、包括、拡張です。

ユースケース図で用いる関連線（関連）

関連の関連線は**アクタとユースケースを繋ぐ実線**で表記します。関連の書き方はクラス図の書き方（4-04参照）と同様です。

■ ユースケース図で用いる関連の関連線の書き方と使い方例

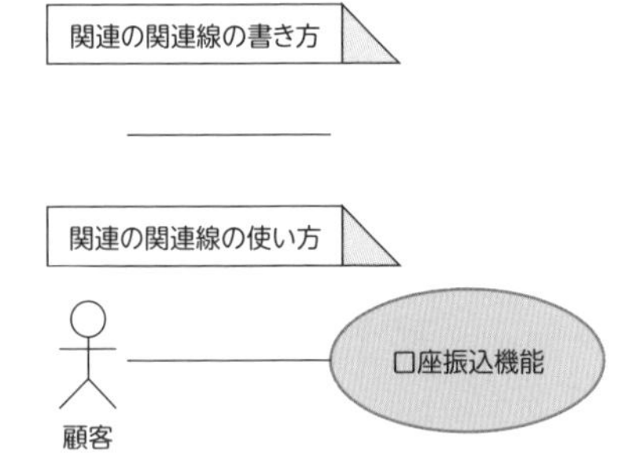

ユースケース図で用いる関連線（継承）

継承の関連線は**アクタとアクタ、ユースケースとユースケースを繋ぐ先端に白抜き三角形を加えた実線**で表記します。継承の書き方はクラス図の書き方（4-04参照）と同様です。

■ユースケース図で用いる継承の関連線の書き方と使い方例

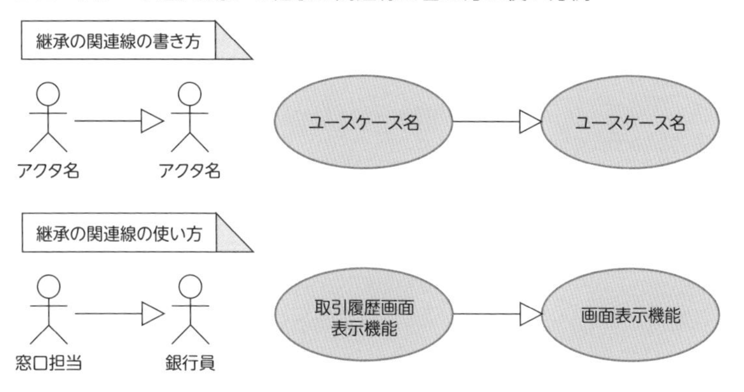

ユースケース図で用いる関連線（包括）

包括の関連線は**ユースケースとユースケースを繋ぐ矢印を加えた点線**で表記します。点線の上に<<include>>とステレオタイプを表記します。

包括はユースケースの中で別の機能を利用する際に利用します。

例えば、口座振込機能を実行する際に、その処理の中で口座情報確認機能と振込元口座情報更新機能と振込先口座更新機能を実行する場合、口座振込機能は口座情報確認機能と振込元口座情報更新機能と振込先口座更新機能を包括していると言え、口座振込機能のユースケースから3つの機能のユースケースに包括の関連線を引くことで表せます。

■ ユースケース図で用いる包含の関連線の書き方と使い方例

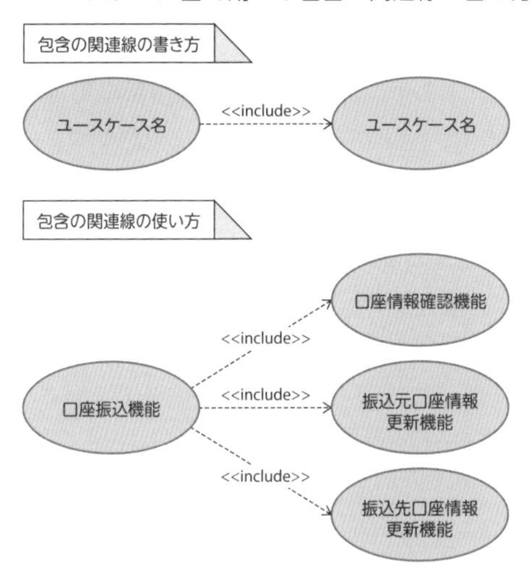

ユースケース図で用いる関連線（拡張）

拡張の関連線は**ユースケースとユースケースを繋ぐ矢印を加えた点線**で表記します。点線の上に<<extend>>とステレオタイプを表記します。

拡張はユースケースの拡張ポイントで説明（5-01参照）した通り、別の機能を呼び出す可能性がある際に利用します。

例えば、口座引出機能を利用する際に、本人確認する処理が、運転免許証で本人確認する場合とマイナンバーカードで本人確認する場合で別の処理を行う機能であったとすると、運転免許証確認機能とマイナンバーカード確認機能は口座引出機能の本人確認の拡張ポイントでの拡張といえます。これを、運転免許証確認機能とマイナンバーカード確認機能から本人確認の拡張ポイントを記載した口座引出機能に拡張の関連線を引くことで表せます。

また、別の機能を利用するという意味で似通っている、包括との違いとして、矢印の方向が逆なことと、包括は元の機能が実行されると必ず実行される言わばサブ機能と繋ぐのに対して、拡張は場合によっては実行される別の機能と繋ぐという概念の違いがあります。

■ ユースケース図で用いる拡張の関連線の書き方と使い方例

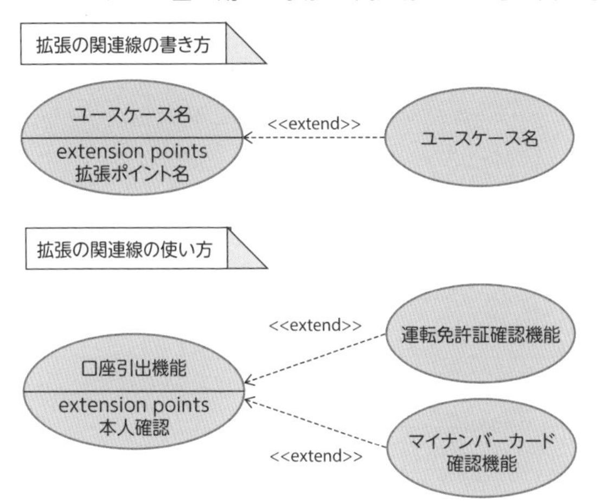

- ユースケース図はシステムの機能と利用者を表す
- ユースケース図は利用可能な機能を分かりやすく表せる

02 アクティビティ図 ～図と図を構成する要素図形～

処理の流れについて図示するのがアクティビティ図です。ここでは、アクティビティ図について学んでいきましょう。

アクティビティ図とは

アクティビティ図は振る舞い図の一種です。アクティビティ図では**システムの処理がどのような順番で行われていくのかを表現**できます。システムの処理の順番は、一つ一つの処理を順番に実行していく順次処理の他に、条件によって実行する処理が変わる分岐処理や、処理を繰り返し実行する反復処理、別の実行する流れを作る非同期処理（2-04参照）などがあります。

これらの処理も可視化できます。手順を文章で書くより、なんとなく全体像を把握しやすいのも特徴です。

■ 動作の流れが分かりやすいアクティビティ図

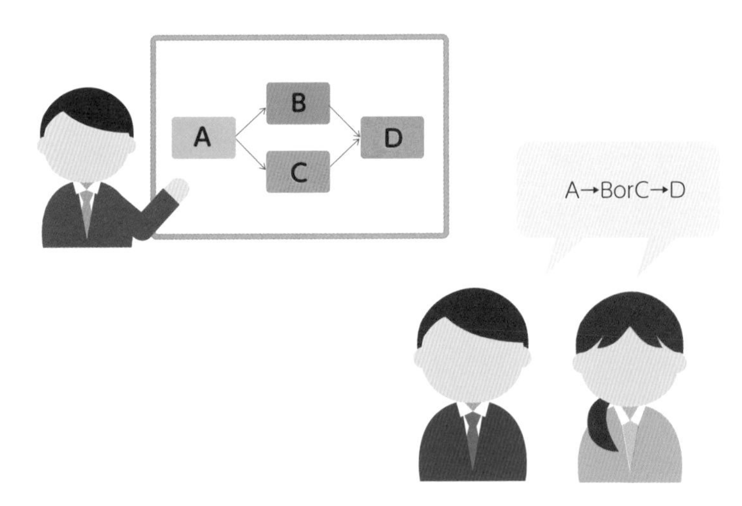

アクティビティ図もユースケース図と同様に分かりやすい図で、顧客にシステムの動作の流れなどを説明するために用いられることもあります。

実践的な例を参考にしたい方は8-04を参照してください。

アクティビティ図で用いる要素図形の種類

アクティビティ図で主に用いる要素図形はアクション、振る舞い呼び出しアクション、オブジェクト、ピン、開始、完了、ディシジョン、フォークです。

アクティビティ図で用いる要素図形（アクション）

アクションは機能や振る舞い、処理などの動作を表します。アクションの要素図形は**角丸の四角形で表記**します。アクションの中にはアクション名を表記します。アクションの中にアクションを入れて、機能の中の処理などの親子関係を表現することも可能です。

■ アクティビティ図で用いるアクションの要素図形の書き方と使い方例

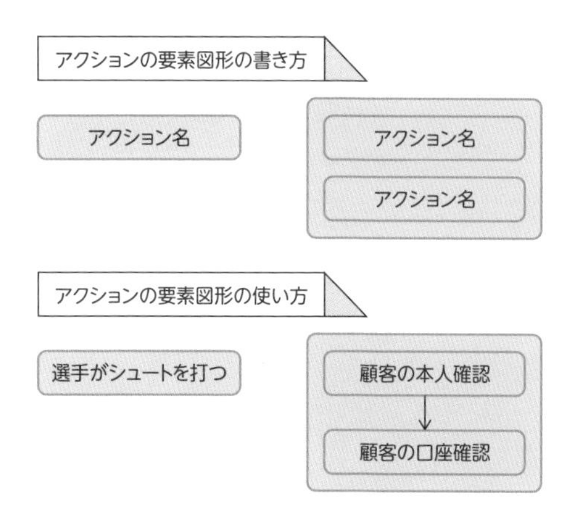

◎ アクティビティ図で用いる要素図形（振る舞い呼び出しアクション）

振る舞い呼び出しアクションは他の振る舞いを呼び出す機能です。この振る舞い呼び出しアクションに遷移すると、その後、別の振る舞いを実行し、その振る舞いが終了したら次のアクションに遷移します。別の振る舞いには別のアクティビティ図を作成したり、ノートで説明を記載したりします。振る舞い呼び出しアクションの要素図形は**中の右側に振る舞い呼び出しのマークを表記した角丸の四角形**で表記します。図形の中に呼び出し先名を表記します。別の機能を利用したり、より詳細なアクションを説明したアクティビティ図に遷移する際などに用います。

例えば、「ログイン」のアクションから「振込機能」の振る舞い呼び出しアクションに遷移してきた場合、振込機能について記載した別のアクティビティ図に遷移し、そのアクティビティ図が終了したら元の「振込機能」の振る舞い呼び出しアクションに戻ってきて、「ログアウト」のアクションに遷移します。

■ アクティビティ図で用いる振る舞い呼び出しアクションの要素図形の書き方と使い方例

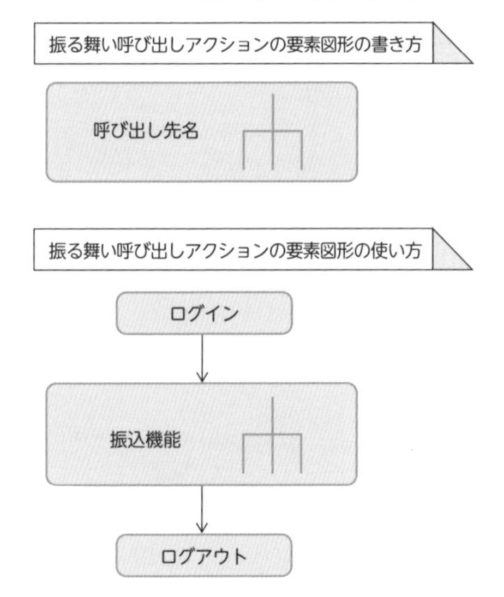

アクティビテ ィ図で用いる要素図形（ピン）

ピンとはピンを通して繋がるアクション間でオブジェクトのやり取りがあることを表します。ピンの要素図形は**小さい矩形で表記**します。アクションの外枠に配置できます。図形の上にやり取りするオブジェクトの名前を書けます。

■ アクティビティ図で用いるピンの要素図形の書き方と使い方例

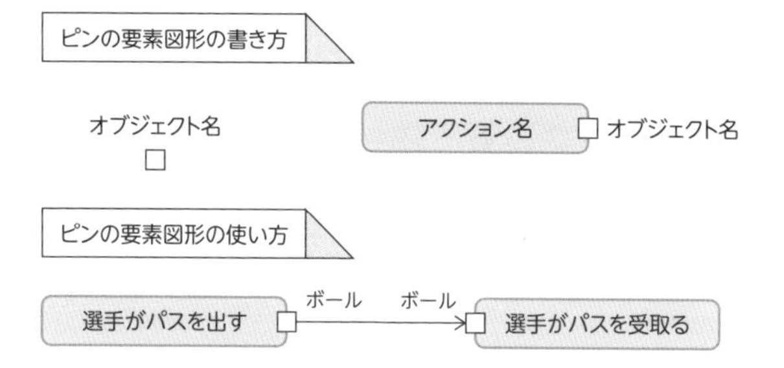

アクティビティ図で用いる要素図形（オブジェクト）

オブジェクトの要素図形はオブジェクト図の書き方（4-01参照）と同様です。アクションから遷移し、アクションに遷移します。ピンを表記するのと同じような意味になります。

まとめ

- アクティビティ図はアクションとその遷移を表す
- アクティビティ図ではアクションで用いるオブジェクトも表現できる

03 アクティビティ図 ～要素の関係性を示す関連線～

要素図形間の関係性は関連線で表します。ここでは、アクティビティ図で用いる関連線について学んでいきましょう。

アクティビティ図で用いる関連線の種類

アクティビティ図で主に用いる関連線は遷移です。

アクティビティ図で用いる関連線（遷移）

遷移の関連線は**先端に矢印のついた実線**で表記します。遷移はアクションなどの要素図形を繋ぎます。遷移元のアクションに記載された処理を実行した次に遷移先のアクションに記載された処理を実行することを表します。

また、図が大きくなってしまった時や、煩雑になってしまった時などに、無理に線を繋ぐと図が読みづらくなる場合があります。そういった際には遷移先名、遷移元名を記載した円形の図形を用いて、離れたアクションを繋げます。

更に、線の上に遷移のための条件を［条件］と表記できます。特にディシジョン（5-04参照）の後などによく用いられます。例えば、ドリブルしていて相手選手が前にいるかいないかで次の行動を変えるような処理の分岐があった時に、それぞれの分岐先に遷移する条件をそれぞれの遷移の関連線の上に記載することで表現できます。

また、例外イベント（2-04参照）による遷移の場合はギザギザの線で表記します。例えば、ボールが奪われる、というイベントが発生した時に、自陣に戻るというアクションを実施する場合は、通常の遷移ではなくギザギザの線で遷移を表記します。

■ アクティビティ図で用いる遷移の関連線の書き方と使い方例

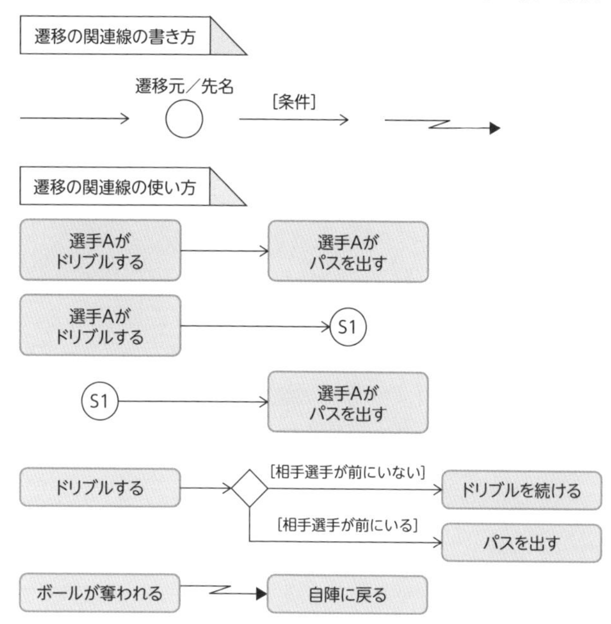

まとめ

- アクティビティ図はアクティビティの遷移を表す
- アクティビティ図では条件付きの遷移や例外イベントの遷移も表せる

04 アクティビティ図の要素図形 ～遷移を制御する制御ノード～

制御ノードの要素図形によって、様々なアクティビティの遷移の流れを表せます。ここでは、アクティビティ図で用いる制御ノードについて学んでいきましょう。

アクティビティ図で用いる制御ノードの要素図形（開始／終了／フロー終了）

開始はアクティビティ図が表現する処理の流れがこの図形から始まることを表します。開始の要素図形は**黒塗りの丸**で表記します。

終了はアクティビティ図が表現する処理の流れがこの図形で終わることを表します。終了の要素図形は**その側に丸を追加した黒塗りの丸**で表記します。

フロー終了は非同期処理（2-04参照）などで、分離して行われている処理の流れがこの図形で終わることを表します。フロー終了の要素図形は**丸とその中のバツ**で表記します。

■アクティビティ図で用いる開始／終了／フロー終了の要素図形の書き方と使い方例

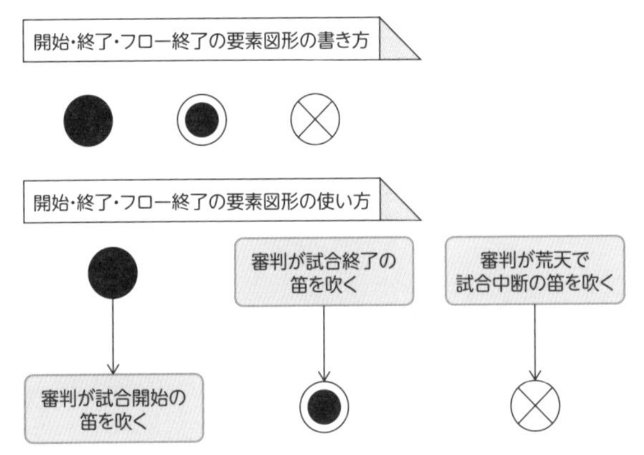

アクティビティ図で用いる要素図形（ディシジョン／マージ）

ディシジョンは条件によって処理の流れが場合分けされることを表します。マージはディシジョンで分岐した処理の流れが1つの流れに戻ることを表します。

ディシジョン、マージの要素図形は**菱形**で表記します。分岐の条件は遷移の条件（5-03参照）や、ノート（3-03参照）を使って表記します。

例えば、選手がボールを持った後に、選手の前に相手チームの選手がいる場合はドリブルして、いない場合はパスを出すというように処理の流れが変わる場合、ディシジョンを用います。

選手がボールを持つアクションの後にディシジョンの要素図形に遷移します。処理の流れを変える条件については<<decisioninput>>と記載したノートに表記します。

更に、いる場合といない場合でディシジョンの要素図形からの遷移の線をそれぞれ記載し、線の上に［いる］／［いない］と記載します。線の先には［いる］／［いない］場合に実行されるアクションを繋ぎます。

■ アクティビティ図で用いるディシジョン／マージの要素図形の書き方と使い方例

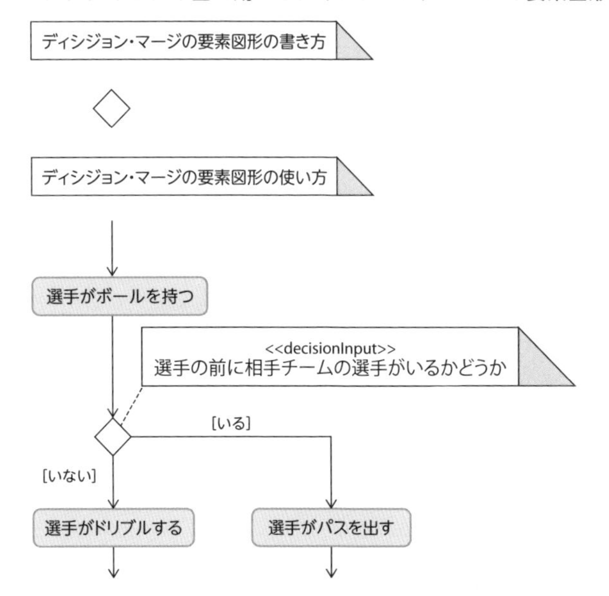

アクティビティ図で用いる要素図形（フォーク／ジョイン）

フォークは非同期処理（2-04参照）で処理の流れが複数に分離することを表します。ジョインはフォークで分離した処理の流れが1つの流れに戻ることを表します。フォーク、ジョインの要素図形は**太線**で表記します。

■ アクティビティ図で用いるフォーク／マージの要素図形の書き方と使い方例

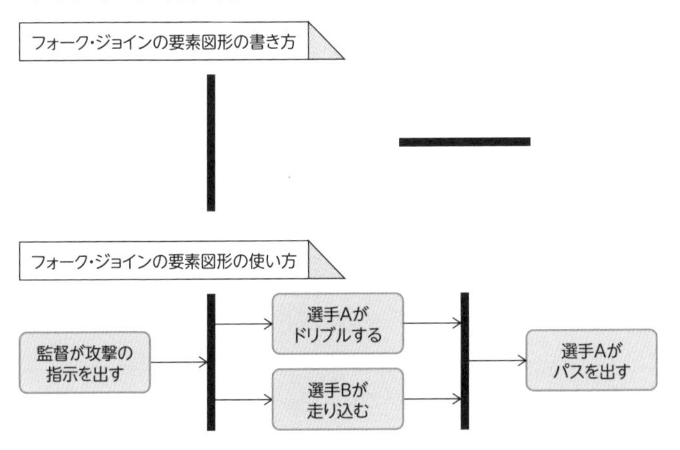

アクティビティ図で用いる要素図形（タイマー）

タイマーは一定時間経過後にイベント（2-04参照）が発生し、次のアクションに遷移する機能です。タイマーの要素図形は**砂時計マーク**で表記します。図形の下に遷移のための時間の条件を表記できます。

■ アクティビティ図で用いるタイマーの要素図形の書き方と使い方例

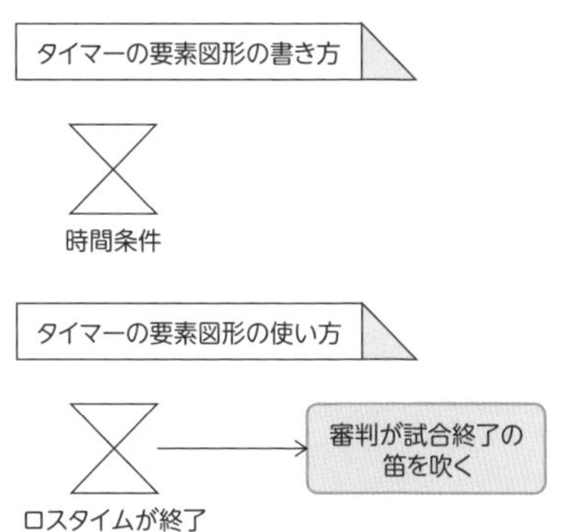

システムにおけるイベント駆動では、単純に前の処理から次の処理を順次実行させるような処理の流れだけでなく、一定時間経過後にイベントを発生させて処理を実行させるなどが起こりえます。

例えば、サッカーのシミュレーションにおいて、ロスタイムの時間が終了後、審判が試合終了の笛を吹くなどの処理に遷移するというようなことがそれにあたります。

まとめ

- アクティビティの遷移は分岐させることができる
- アクティビティの遷移は非同期処理させることができる
- アクティビティの遷移はイベント駆動で制御できる

05 アクティビティ図の区分 ～要素図形を分ける区分～

区分を用いると図の中の要素図形を意味上で分類できます。ここでは、アクティビティ図で用いる区分について学んでいきましょう。

アクティビティ図で用いる区分の種類

アクティビティ図で主に用いる区分はパーティションと中断可能範囲です。

アクティビティ図で用いる区分（パーティション）

パーティションはアクションを分類できます。基本的にはアクションを実施するアクタ、又は、オブジェクトの単位で分類します。

パーティションの区分は**2つに分かれた矩形**で表記します。上、もしくは左の矩形には、パーティション名を表記します。下、もしくは右の矩形にはアクションの遷移を表記します。**複数のパーティションを並べて利用できます**。

例えば、監督が非同期に選手Aと選手Bに指示を出し、選手Aはドリブルをして、選手Bは走り込んで、その後に同期をとって選手Aはパスを出す。というような処理はパーティションを作成しなくとも「監督が攻撃の指示を出す」「選手Aがドリブルをする」などと記載すれば表現できます。しかし、パーティションを作成した方が、監督のパーティションに「攻撃の指示を出す」選手Aのパーティションに「ドリブルをする」などと記載することで、1つ1つのアクションがシンプルになり、分かりやすくなります。更に、選手Aに着目した処理の流れ、などを追いやすくもなります。

■ アクティビティ図で用いるパーティションの区分の書き方と使い方例

パーティションの区分の書き方

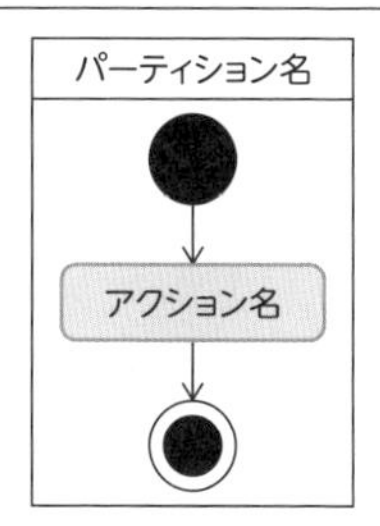

パーティションの区分の使い方

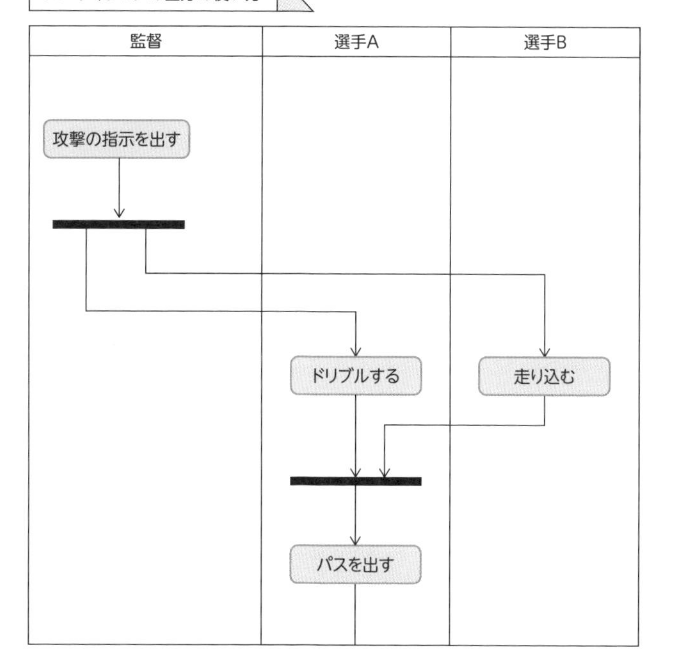

アクティビティ図で用いる区分（中断可能範囲／イベント受付アクション）

中断可能範囲とは、イベント駆動（2-04参照）におけるイベントを受け付ける範囲のことです。中断可能範囲の区分は**点線の角丸の矩形**で表記します。

中断可能範囲の中にはアクションの遷移を中断するイベントを意味するイベント受付アクションの要素図形を配置します。イベント受付アクションの要素図形は左辺を凹ませた矩形で表します。イベント受付アクションは中断可能範囲の外に配置すると、常にイベントの発生を受け付けている状態という意味になってしまいますので、中断可能範囲とセットで、中断可能範囲の中に記載するのが一般的です。

中断可能範囲の中のアクションに遷移した状態でイベントが発生すると、アクションの遷移の状況に関わらず、現在のアクションの遷移を中断し、対応するイベント受付アクションに遷移します。その後、イベント受付アクションから次のアクションに遷移することができます。

例えば、「走り込む」のアクションの後に中断可能範囲の区分に含まれている「パスを受ける」のアクションに遷移します。この後、イベントが発生することなければ、通常通りに「ドリブルをする」のアクションに遷移し、「パスを出す」のアクションに遷移し、中断可能範囲を抜けて「走り込む」のアクションに遷移します。一方、中断可能範囲のアクションを実施している時に、「ボールを奪われる」というイベントが発生した場合、どのアクションに遷移していたとしても「ボールを奪われる」のイベントに遷移します。その後、「自陣に戻る」のアクションに遷移します。このような中断可能範囲の区分の中は、選手がボールを保持している、という一つの状態と捉えることができ、ステートマシン図（5-06参照）作成のヒントになります。

■アクティビティ図で用いる中断可能範囲とイベント受付アクションの区分の書き方と使い方例

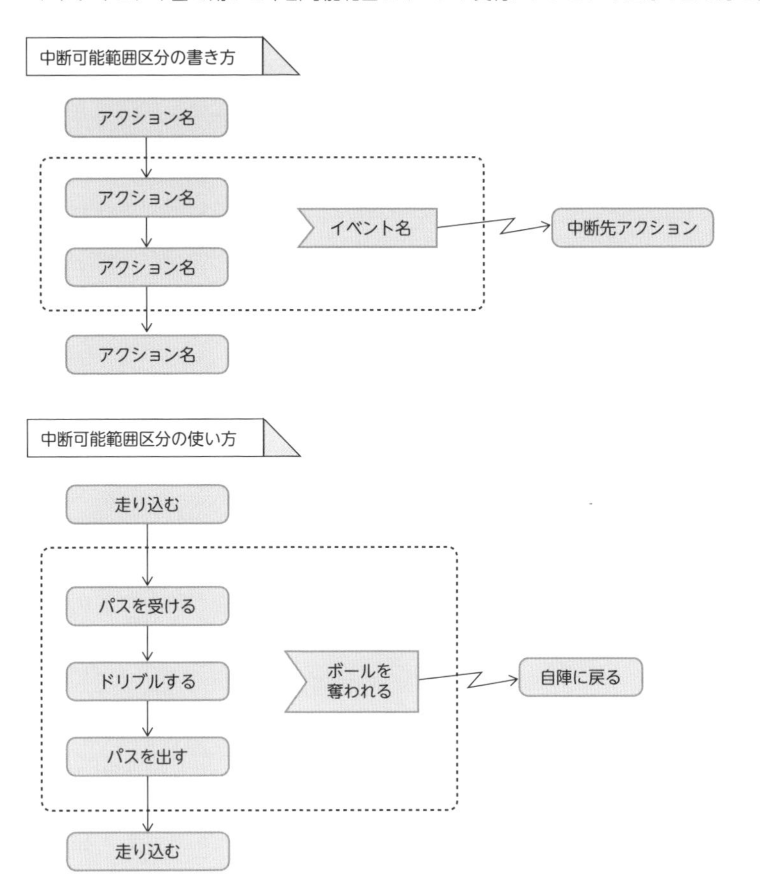

まとめ

- アクティビティ図はパーティションによってアクションを分割できる
- アクティビティ図は処理を中断できる範囲を指定できる

06 ステートマシン図 ～図と図を構成する要素図形～

オブジェクトの状態の変化について図示するのがステートマシン図です。ここでは、ステートマシン図について学んでいきましょう。

ステートマシン図とは

ステートマシン図は振る舞い図の一種です。ステートマシン図では**オブジェクトの状態の遷移**を表します。ステートマシン図の代表的な利用方法の一つとして、表示する画面の遷移を表す画面遷移図がありますが、これも画面というオブジェクトの状態の遷移を表している図です。また、機械の状態の変化などの説明にも使え、家電の機能の説明などにも用いられることもあります。

実践的な例を参考にしたい方は8-06を参照してください。

■ エアコンのリモコンの状態変化のイメージ

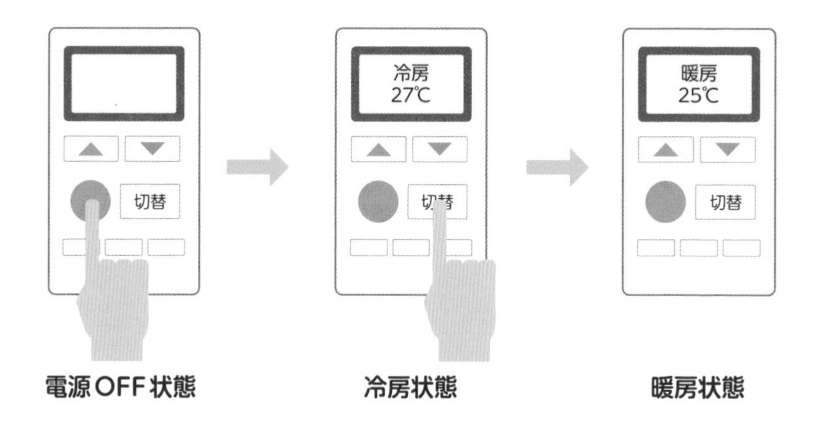

ステートマシン図で用いる要素図形の種類

ステートマシン図で主に用いる要素図形は状態、開始、終了、入口、出口、浅い履歴、深い履歴です。

ステートマシン図で用いる要素図形（状態）

状態の要素図形は**角丸の四角形**で表記します。図形の中に状態の名前を表記します。詳細に表記する場合は、矩形を図形の上に表記してその中に名前を表記するか、図形を実線で分けて上の部分に表記します。

図形の中、もしくは下の部分は更に点線で分けることも可能で、中に状態を表記できます。また、真ん中の部分を作り、状態に遷移してきた時(entry)、状態から遷移する時(exit)、状態にいる時(do)に実行される振る舞いを表記できます。

■ステートマシン図で用いる状態の要素図形の書き方と使い方例

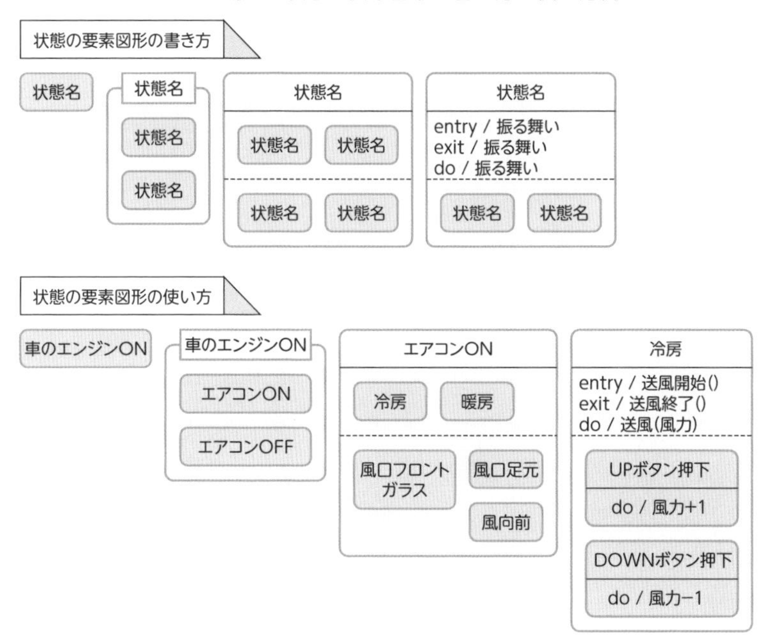

ステートマシン図で用いる要素図形（開始／終了）

開始の要素図形は**黒塗りの丸**で表記します。状態遷移図全体、もしくは、状態の中での状態遷移が表現する処理の流れが、この図形から始まることを表します。

終了の要素図形は**外側に丸を追加した黒塗りの丸**で表記します。状態遷移図全体、もしくは、状態の中での状態遷移が表現する処理の流れが、この図形で終わることを表します。

例えば、車のエンジンとギアの状態について表す時に、まず初めに「車のエンジンOFF」の状態にすることを表すには、開始の要素図形から「車のエンジンOFF」の要素図形に繋ぎます。また、「車のエンジンON」の状態になった時に必ず「ギアP」から始まることを表すには、「車のエンジンON」の要素図形の中の開始の要素図形から「ギアP」の要素図形に繋ぎます。「車のエンジンON」の状態から抜ける時は必ず「ギアP」にしてからであることを表すには、「ギアP」から終了の要素図形に繋ぎます。「車のエンジンOFF」からこのステートマシン図での遷移を終了する場合は、「車のエンジンOFF」の要素図形から終了の要素図形に繋ぎます。

■ステートマシン図で用いる開始／完了の要素図形の書き方と使い方例

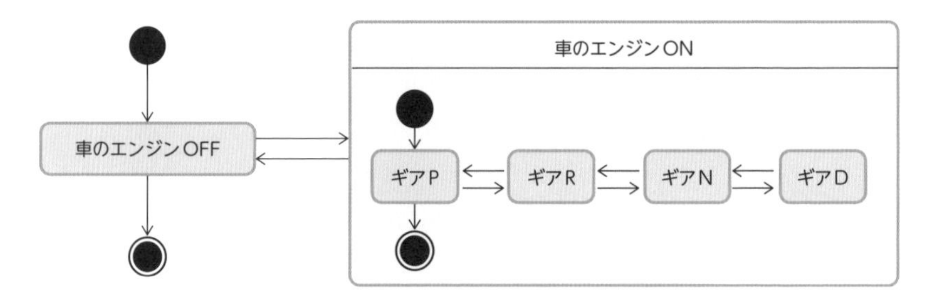

ステートマシン図で用いる要素図形（入口／出口）

入口は状態に遷移してきた時に、中のどの状態から始めるのかを定義できます。出口は中のどの状態からの遷移で外側の状態を抜けるのかを定義できます。

入口の要素図形は**丸**で表記します。出口の要素図形は**中にバツを書いた丸**で表記します。

例えば、「車のエンジンON」の状態になった時に必ず「ギアP」から始まることを表すには、「車のエンジンON」の要素図形の枠に入口の要素図形を配置し、入口の要素図形から「ギアP」の要素図形に繋ぎます。「車のエンジンON」の状態から抜ける時は必ず「ギアP」にしてからであることを表すには、「車のエンジンON」の要素図形の枠に出口の要素図形を配置し、「ギアP」から出口の要素図形に繋ぎます。更に出口の要素図形から外の要素図形に繋ぎます。

■ステートマシン図で用いる入口・出口の要素図形の書き方と使い方例

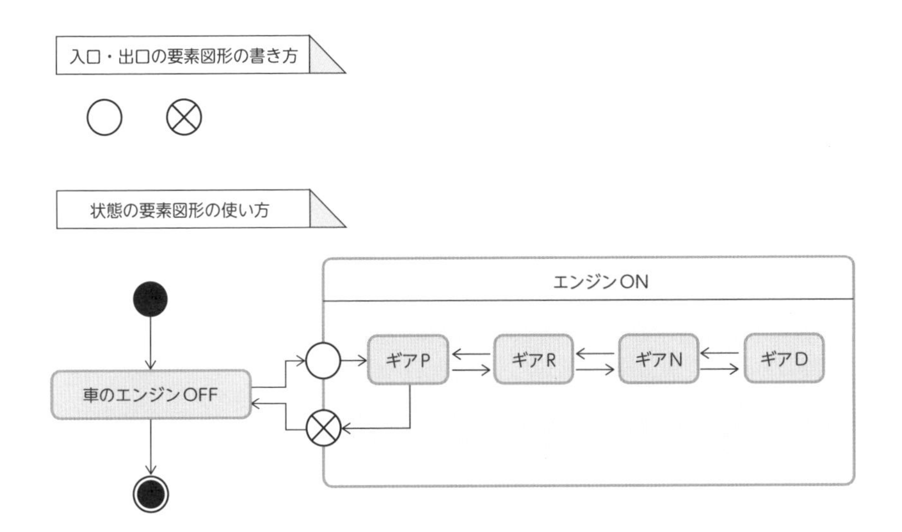

ステートマシン図で用いる要素図形（浅い履歴／深い履歴）

浅い履歴の要素図形は中にhistoryを意味する**Hを表記した丸**で表記します。浅い履歴は、記載された状態の中の状態遷移を保存し、次回再開した時に同じ状態に戻る機能を表しています。

例えば、過去に車のエンジンがONの状態から車のエンジンを切ってOFFの状態にした際に、エアコンが冷房の状態だった場合、車のエンジンをもう一度ONにすると、エアコンがONだった履歴から自動でエアコンがONになります。ただし、前回冷房だったか暖房だったかの状態の中の状態の履歴は残っておりません。仮に前回エンジンを切った時に暖房の状態だったとしても、もう一度開始の状態から検温して冷房か暖房かの状態遷移を行います。こういった浅い履歴を表すには、「エンジンON」の要素図形の中に浅い履歴に要素図形を配置し、外部の状態から遷移するように配置します。こうすることで、「エンジンON」の要素図形の中の状態が浅い履歴で保存されます。このように、状態の中の状態の遷移を保存するのが浅い履歴の機能です。ただし、浅い履歴は更にその中の状態の遷移までは保存しません。

一方、深い履歴の要素図形は中に**Hとアスタリスクマークを表記した丸**で表記します。深い履歴は、記載された状態の中と、その中の全ての状態の状態遷移を保存し、次回再開した時に同じ状態に戻る機能を表しています。

例えば、過去に車のエンジンがONの状態から車のエンジンを切ってOFFにした際に、エアコンが冷房で動いていた場合、車のエンジンをもう一度ONにするとエアコンのONだけでなく、冷房が動いていることや、更に冷房の温度や風向、風量の状態まで、前回そのままに状態を再現できます。こういった深い履歴を表すには、エンジンON」の要素図形の中に深い履歴に要素図形を配置し、外部の状態から遷移するように配置します。こうすることで、「エンジンON」の要素図形の中の状態及び、更にその中の状態までが深い履歴で保存されます。このように状態の中の状態の遷移と更にその中の方の状態の遷移まで全て保存するのが深い履歴の機能です。

■ステートマシン図で用いる浅い履歴・深い履歴の要素図形の書き方と使い方例

浅い履歴・深い履歴の要素図形の書き方

浅い履歴・深い履歴の要素図形の使い方

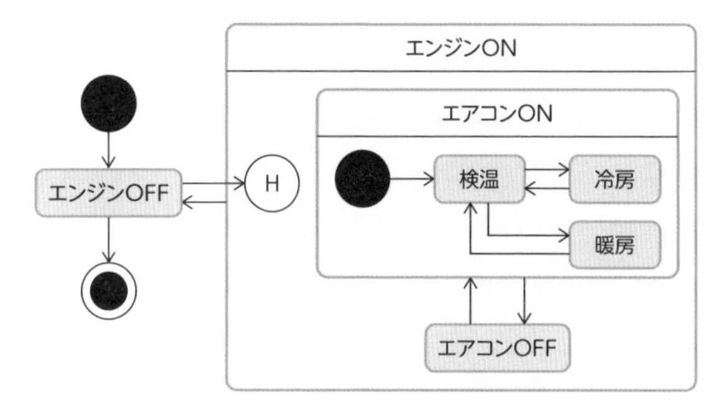

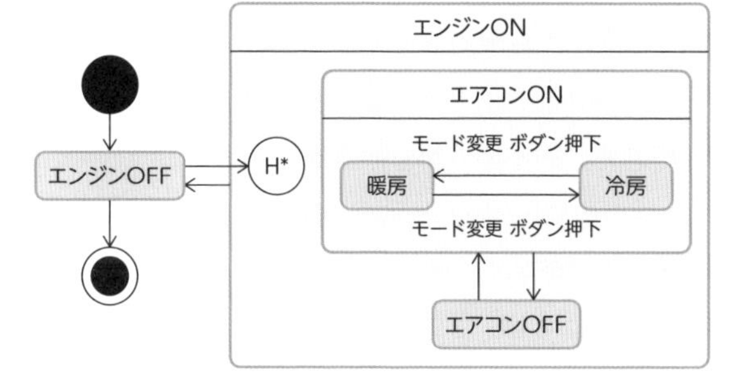

まとめ

- ステートマシン図はオブジェクトの状態を表すことができる
- ステートマシン図では状態の中に詳細な状態を作り、状態の一時保存なども表現できる

07 ステートマシン図
～要素の関係性を示す関連線～

要素図形間の関係性は関連線で表します。ここでは、ステートマシン図で用いる関連線について学んでいきましょう。

ステートマシン図で用いる関連線の種類

ステートマシン図で主に用いる関連線は遷移です。

ステートマシン図で用いる関連線（遷移）

遷移の関連線は**先端に矢印のついた実線**で表記します。遷移は状態などの要素図形を繋ぎます。線の上に、遷移が発生するイベントの契機と、遷移のための条件の[条件]と遷移した際に発生するイベントの効果を表記できます。

例えば、「エンジンOFF」の状態の時に、「キーを回す」の契機のイベントが発生し、「ガソリンがある」という条件が満たされていれば、「エンジンが付く」という効果のイベントが発生して、「走行可能」な状態になります。

また、丸の中に名前を付けた図形に繋ぎ、離れた場所に遷移することも可能です。

例えば、エンジンOFFについて記載したい位置とエンジンONについて記載したい位置が離れている場合、非常に長い線で繋がなくとも、名前のついた円形の記号に繋ぐことで、もう一方の同じ名前の円形の記号にとばして遷移させることができます。

また、例外イベント（2-04参照）による遷移の場合はギザギザの線で表記します。

例えば、自動ブレーキの機能を表したいとして、カメラが画像を取得する契機が発生し、物体を検知した場合、緊急停止されて、停止状態になるようなことを表現できます。

■ ステートマシン図で用いる遷移の関連線の書き方と使い方例

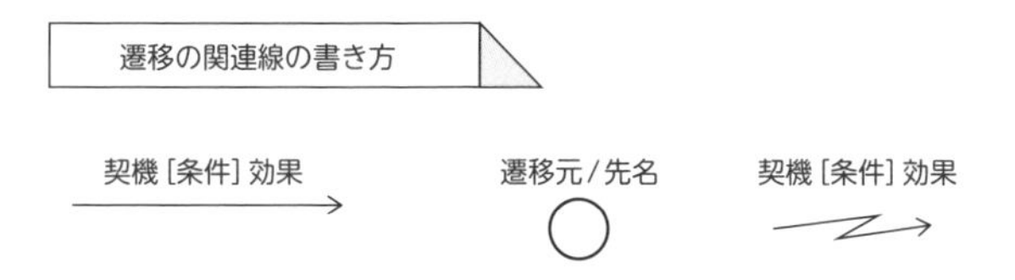

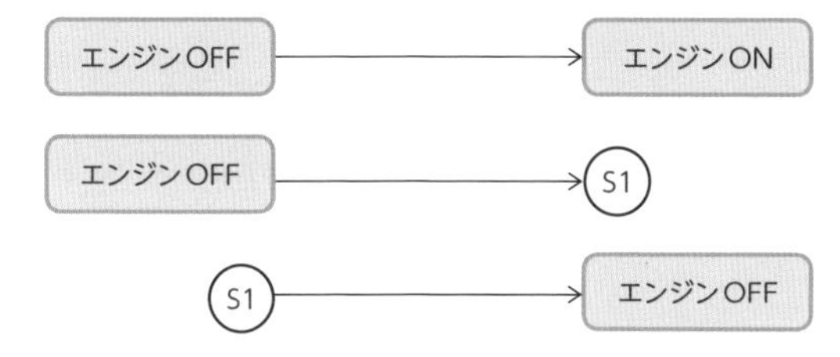

まとめ

- ステートマシン図ではオブジェクトの状態の遷移を表現することができる
- ステートマシン図では状態遷移時のイベントや条件などを定義できる

アルゴリズムとフローチャート

アルゴリズムとは、何かの目的を実現するための手順のことであり、システムの開発には欠かせないものです。例えば、銀行のATMのシステムを開発するにあたり、システム化される前の窓口業務はどのように行われていたのかの手順を知る必要があります。手順としては、まず初めに顧客の本人確認を行い、次に振り込みなのか引き出しなのかなどを顧客に聞いて…といったような手順のことをアルゴリズムといいます。

このアルゴリズムがしっかりしていないと、システムを作ることはできません。例えば、本人確認に失敗した場合はどう対処するのか？など状況を漏れなく網羅する必要があります。こういった漏れなどがなくなるように、アルゴリズムを図で分かりやすく表現することは重要になります。

UMLにおけるシステムのアルゴリズムの表現方法としてはアクティビティ図があります。アルゴリズムの表現にアクティビティ図を用いることで、分岐の抜け漏れが見やすく分かったり、どれくらい複雑なシステムなのかなどの全体像を把握できたりします。一方、一般的にアルゴリズムを表現する方法としてはフローチャートがあります。フローチャートにはオブジェクトの概念や非同期処理、イベントなどの概念などがなく、比較的シンプルに表記できます。例えば、振る舞いの中で用いられる計算方法などを詳細に表現する場合は、フローチャートが使われます。フローチャートはアクティビティ図に非常に似ており、本書のアクティビティ図が理解できていれば、比較的簡単に読み書きできると思います。

■1～10の合計を求める処理のフローチャート

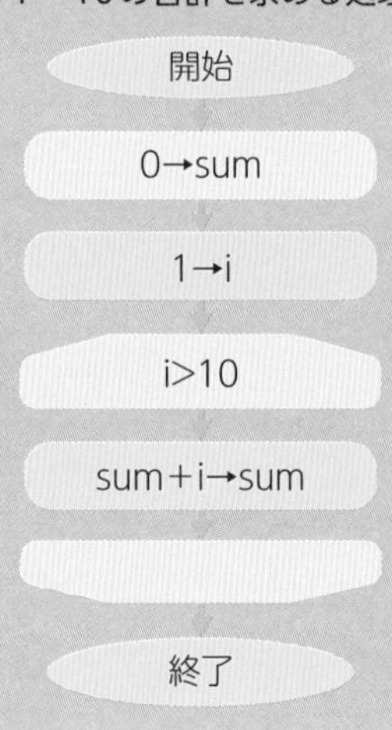

6章

UMLにおける相互作用図の基本文法

本章ではUMLの振る舞い図の中でも特に相互作用図の具体的な書き方について学んでいきます。また、イメージをつけるためにサンプルとして使い方も記載していきます。オブジェクトの相互作用を表現することのできる相互作用図は、システムの要素間の連携を整理するのに役に立ちます。紹介する全ての要素図形や関連線を覚えるのは大変ですが、基本的な内容や意味から覚えていき、まずは読めるレベルを目指しましょう。

01 コミュニケーション図
～図と図を構成する要素図形～

オブジェクト間のメッセージの関係について図示するのがコミュニケーション図です。ここでは、コミュニケーション図について学んでいきましょう。

コミュニケーション図とは

コミュニケーション図は相互作用図の一種です。コミュニケーション図では、**オブジェクトとオブジェクトがどのようにメッセージを送りあう関係にあるのか**を表します。

基本的にはシステムで用いる具体的なインスタンス間の連携を示す図で、シーケンス図（6-03参照）と同等の表現が可能です。ただし、コミュニケーション図は用いる要素図形の種類の少ない分かりやすい図のため、顧客にシステムの要素の相互作用の流れなどを説明するために用いられることもできます。

実践的な例を参考にしたい方は8-05を参照してください。

■ オブジェクトがメッセージを送りあうイメージ

コミュニケーション図で用いる要素図形の種類

コミュニケーション図で主に用いる要素図形はライフラインです。

コミュニケーション図で用いる要素図形（ライフライン）

コミュニケーション図におけるライフラインとはオブジェクトのことです。ライフラインの要素図形は**矩形**で表記します。図形の中にクラス名とオブジェクト名を表記します。オブジェクト名又はクラス名のいずれかは省略可能です。

■ コミュニケーション図で用いるライフラインの要素図形の書き方と使い方例

ライフラインの要素図形の書き方

オブジェクト名：クラス名

ライフラインの要素図形の使い方

選手A：選手

まとめ

- コミュニケーション図はオブジェクト間のメッセージについて関係性を掴みやすく表現できる
- コミュニケーション図では動作するオブジェクトをライフラインという名前で表現する

02 コミュニケーション図 ～要素の関係性を示す関連線～

要素図形間の関係性は関連線で表します。ここでは、コミュニケーション図で用いる関連線について学んでいきましょう。

コミュニケーション図で用いる関連線の種類

コミュニケーション図で主に用いる関連線は同期メッセージ、非同期メッセージ、応答メッセージ、仕様外メッセージです。

コミュニケーション図で用いる関連線（メッセージ）

コミュニケーション図における関連線はメッセージ（2-04参照）を意味します。メッセージの関連線は**実線**で表記します。メッセージはライフラインからライフラインに繋ぎます。ライフラインとライフラインでメッセージの呼び出し関係があることを表せます。

■ コミュニケーション図で用いるメッセージの関連線の書き方と使い方例

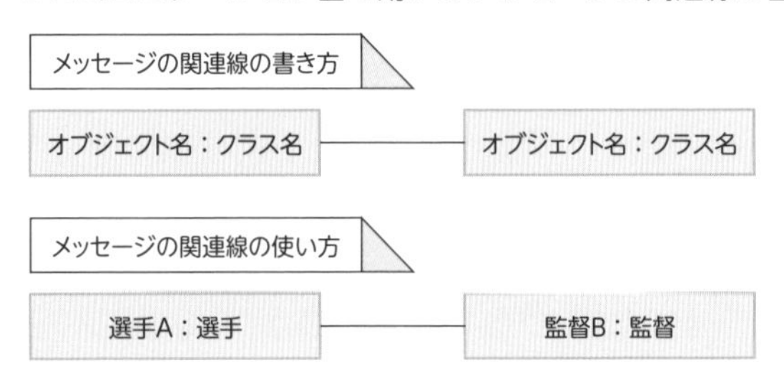

コミュニケーション図で用いる関連線（同期メッセージ）

同期メッセージの関連線は**先端に黒塗りの三角形を加えた実線**で表記します。メッセージの関連線の上または下に表記し、更にその上に呼び出しの番号とメッセージ名（呼び出し先の振る舞い名）を表記します。その後の括弧内に引数（2-04参照）を表記して渡せます。

呼び出しの番号は1から始まり増えていきます。1のメッセージで実行される振る舞いから呼び出されたメッセージの番号は1.1、1.1のメッセージで実行される振る舞いから呼び出されたメッセージの番号は1.1.1です。また、1.1から次に呼び出されたメッセージの番号は1.1.2 となり、1.から次に呼び出されたメッセージの番号は1.2、1の次に呼び出されたメッセージは2となります。

■ コミュニケーション図で用いる同期メッセージの関連線の書き方と使い方例

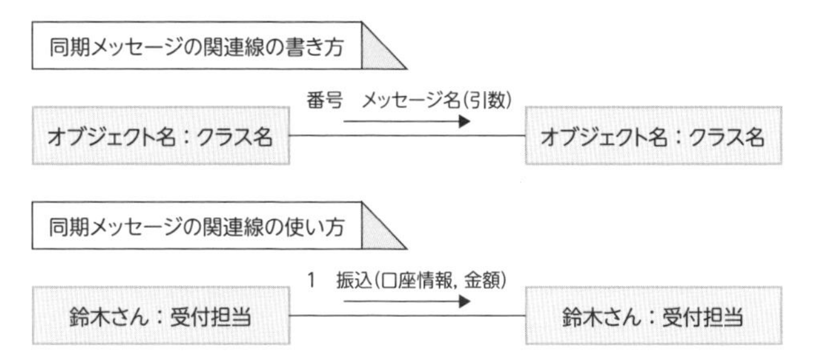

コミュニケーション図で用いる関連線（非同期メッセージ）

非同期メッセージの関連線は**先端に矢印を加えた実線**で表記します。メッセージの関連線の上または下に表記し、更にその上に呼び出しの番号とメッセージ名（呼び出し先の振る舞い名）を表記し、その後の括弧内に引数（2-04参照）を表記して渡せます。非同期メッセージは非同期処理（2-04参照）を行わせるメッセージです。

■ コミュニケーション図で用いる非同期メッセージの関連線の書き方と使い方例

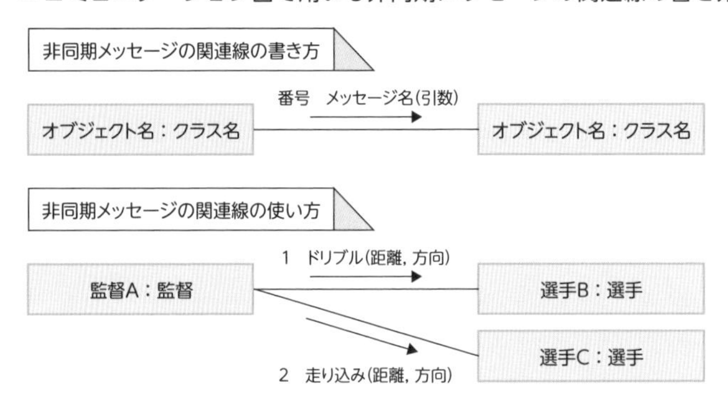

コミュニケーション図で用いる関連線（応答メッセージ）

応答メッセージの関連線は**先端に黒塗りの三角形、又は矢印を加えた点線**で表記します。メッセージの関連線の上または下に表記し、更にその上に呼び出しの番号と戻り値（2-04参照）を表記して値を返すこともできます。同期メッセージの応答の場合は、黒塗りの三角形、非同期メッセージの応答の場合は、矢印を用います。実行仕様から実行仕様にメッセージの応答を返します。

例えば､銀行の受付担当の鈴木さんがある口座にある金額の振り込みを行い、その結果振込が実行できたかどうかの結果を受け取るような処理を表すには、メッセージの関連線の上に、同期メッセージの「振込」について引数に「口座」と「金額」を記載します。

更に、その結果の処理の「成否」について戻り値として応答メッセージで記載します。

各メッセージの番号については、最初の「振込」の同期メッセージが「1」となり、そこから呼び出されているとも言える「成否」の応答メッセージに「1.1.」とつけます。ただし、一般的に応答メッセージは実行の順番が自明であることが多いため、番号をつけず、省略することもあります。

■ コミュニケーション図で用いる応答メッセージの関連線の書き方と使い方例

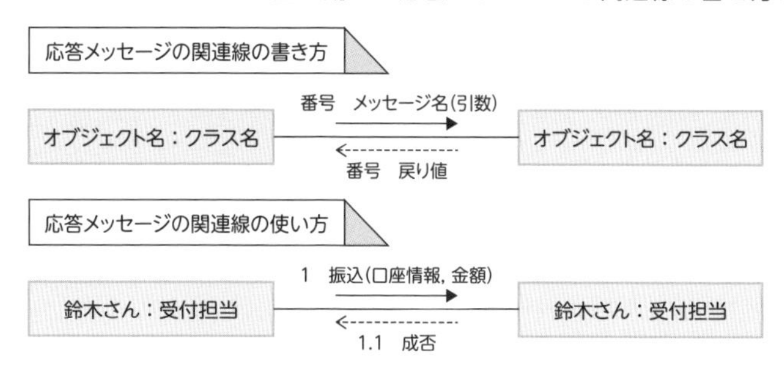

応答メッセージの関連線は、その他のメッセージと見分けやすくするためにメッセージの関連線の下に記載することが多いです。

まとめ

- コミュニケーション図ではライフライン間でのメッセージ関係について表現できる
- コミュニケーション図では 同期、非同期のメッセージを分けて表現できる
- コミュニケーション図ではメッセージに対する応答のメッセージも表現できる

03 シーケンス図 ～図と図を構成する要素図形～

オブジェクト間のメッセージの流れについて図示するのがシーケンス図です。ここでは、シーケンス図について学んでいきましょう。

シーケンス図とは

シーケンス図は相互作用図の一種です。シーケンス図では、**オブジェクトとオブジェクトがどのような順番でメッセージを送りあう関係にあるのかを表し**ます。

表現する対象は基本的にコミュニケーション図と同じですが、オブジェクト間のメッセージの呼び出し関係が直感的に分かりやすいコミュニケーション図に対して、シーケンス図はオブジェクト間のメッセージの呼び出しの順序が分かりやすくなっています。システムの処理の順番が分かりやすいので、開発者に処理の流れを説明する際などに用いられることもあります。

実践的な例を参考にしたい方は9-04を参照してください。

■ メッセージを送る順番のイメージ

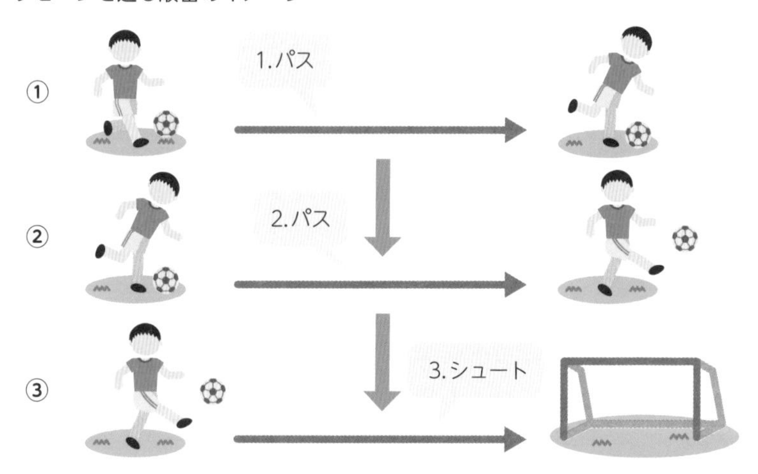

シーケンス図で用いる要素図形の種類

シーケンス図で主に用いる要素図形はライフライン、実行仕様、停止です。

シーケンス図で用いる要素図形（ライフライン）

シーケンス図におけるライフラインとは動作するオブジェクトのことです。ライフラインの要素図形は**矩形とその下に伸びる点線**で表記します。矩形の中にクラス名とオブジェクト名を表記します。オブジェクト名又はクラス名のいずれかは省略可能です。点線はインスタンスが存在している期間を表します。

基本的にシーケンス図は点線の伸びる方向である縦に時間が流れているよう表現し、ライフラインが記載された時点でインスタンスが生成されて、点線がある間ライフラインが存在していることを表します。

■ シーケンス図で用いるライフラインの要素図形の書き方と使い方例

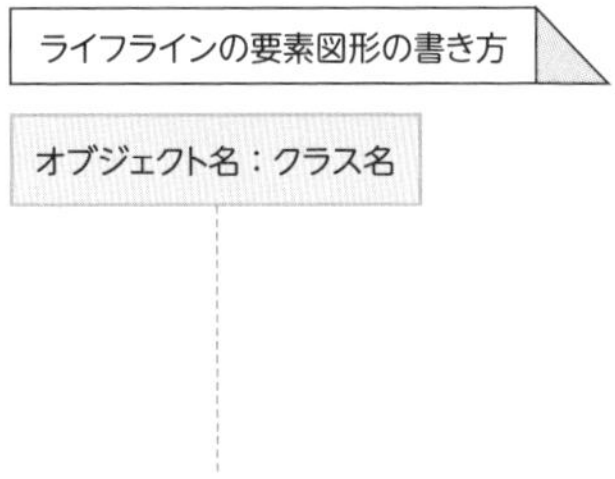

ライフラインの要素図形の書き方

オブジェクト名：クラス名

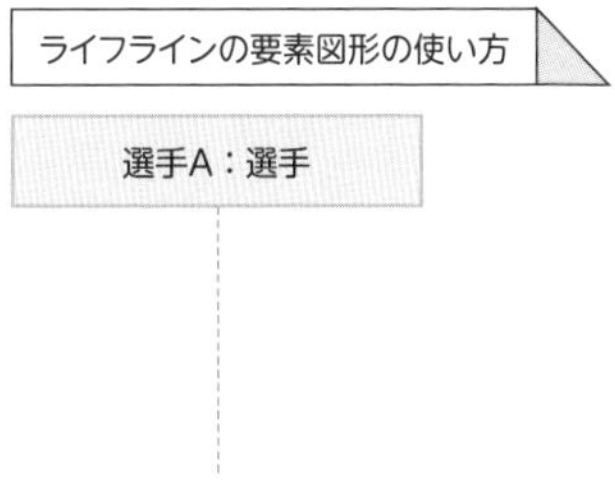

ライフラインの要素図形の使い方

選手A：選手

シーケンス図で用いる要素図形（実行仕様）

実行仕様の要素図形は**矩形**で表記します。**ライフラインの点線上に配置**します。実行仕様は、配置されている区間、オブジェクトが振る舞いを実行している途中であることを表します。

実行仕様が配置されていない点線の区間と、実行仕様が配置されている区間の意味の違いは、振る舞いを実施している区間かどうかです。実行仕様のないライフラインの点線の区間は振る舞いを行っていないが、メモリ上にインスタンスは利用可能な状態で存在している区間を表します。

実行仕様は記載を省略されることもあります。

■ シーケンス図で用いる実行仕様の要素図形の書き方と使い方例

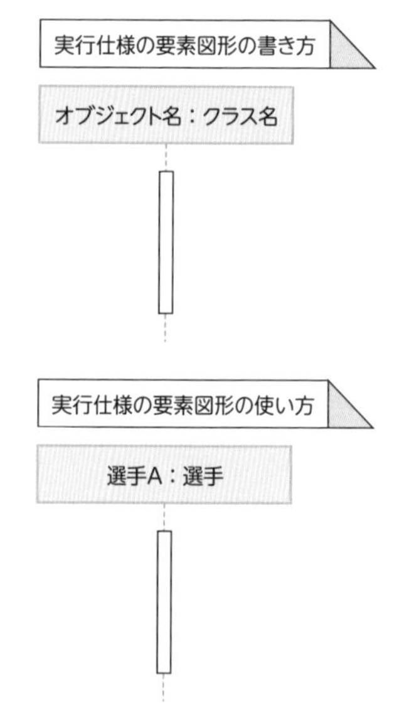

シーケンス図で用いる要素図形（停止）

停止の要素図形は**バツの図形**で表記します。**ライフラインの点線の最後に配置**します。停止はオブジェクトが破棄されたことを表します。例えば、試合が終了し、選手の振る舞いが呼び出されなくなった時などに用いられます。

■ シーケンス図で用いる停止の要素図形の書き方と使い方例

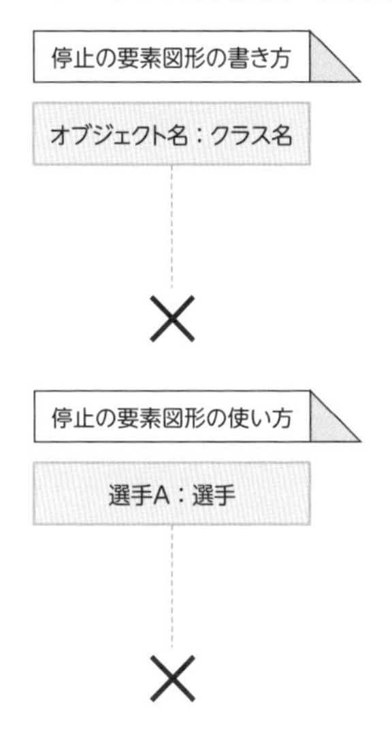

まとめ

- **シーケンス図はオブジェクト間のメッセージについて実行順序を分かりやすく表現できる**
- **シーケンス図では動作するオブジェクトをライフラインという名前で表現する**

04 シーケンス図 ～要素の関係性を示す関連線～

要素図形間の関係性は関連線で表します。ここでは、シーケンス図で用いる関連線について学んでいきましょう。

シーケンス図で用いる関連線の種類

シーケンス図で主に用いる関連線は同期メッセージ、非同期メッセージ、応答メッセージ、生成メッセージ、仕様外メッセージです。

シーケンス図で用いる関連線（同期メッセージ）

同期メッセージの関連線は**先端に黒塗りの三角形を加えた実線**で表記します。実行仕様（省略されている場合はライフラインの点線）から実行仕様（省略されている場合はライフラインの点線）を同期して呼び出します。

線の上にメッセージ名（呼び出し先の振る舞い名）を表記し、その後の括弧内に引数（2-04参照）を表記して渡すこともできます。

呼び出しの番号は1から始まり増えていきます。1のメッセージで実行される振る舞いから呼び出されたメッセージの番号は1.1、1.1のメッセージで実行される振る舞いから呼び出されたメッセージの番号は1.1.1です。また、1.1から次に呼び出されたメッセージの番号は1.1.2となり、1.から次に呼び出されたメッセージの番号は1.2、1の次に呼び出されたメッセージは2となります。

■ シーケンス図で用いる同期メッセージの関連線の書き方と使い方例

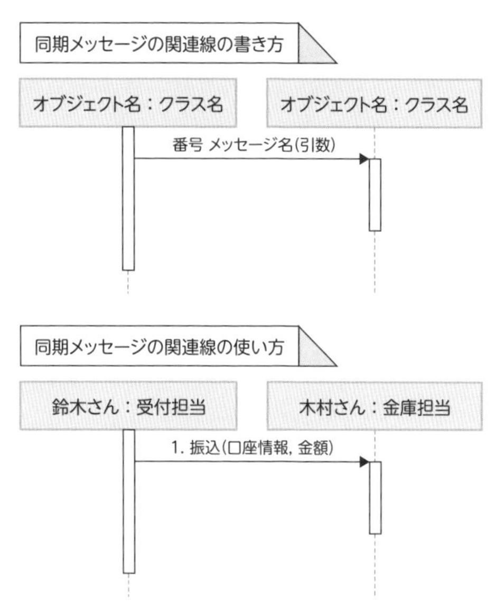

シーケンス図で用いる関連線（非同期メッセージ）

非同期メッセージの関連線は**先端に矢印を加えた実線**で表記します。実行仕様（省略されている場合はライフラインの点線）から実行仕様（省略されている場合はライフラインの点線）を呼び出します。非同期メッセージは非同期処理（2-04参照）を行わせるメッセージです。

線の上にメッセージ名（呼び出し先の振る舞い名）を表記し、その後の括弧内に引数（2-04参照）を表記して渡すこともできます。

例えば、監督が2人の選手に指示を出して同時に別のプレーをして貰う状況を考えます。

まず、「監督A」が「選手B」に「ドリブル」の非同期メッセージを送ります。次に「監督A」は「選手C」に「走り込み」の非同期メッセージを送ります。この「監督A」が「選手B」に「ドリブル」の非同期メッセージを送った時、処理の流れは分岐して非同期に実行されます。1つは「選手B」の「ドリブル」のメッセージから実行される振る舞いの処理の流れで、もう一つは、「監督A」が「選手C」に「走り込み」の非同期メッセージを送る処理の流れです。分岐した処理のどちらが先に実行されるなど順序は保証されないので注意が必要です。

■ シーケンス図で用いる非同期メッセージの関連線の書き方と使い方例

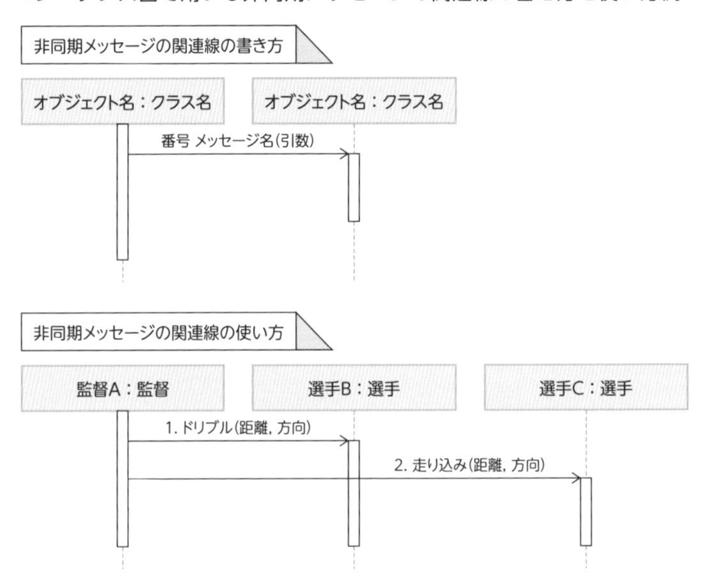

シーケンス図で用いる関連線（応答メッセージ）

応答メッセージの関連線は**先端に矢印を加えた点線**で表記します。実行仕様（省略されている場合はライフラインの点線）から実行仕様（省略されている場合はライフラインの点線）にメッセージの応答を返します。戻り値（2-04参照）を表記して値を返せます。

例えば、受付担当の鈴木さんが金庫担当の木村さんに振込を依頼し、その結果の成否を受け取る処理を考えます。「鈴木さん」は「木村さん」に「振込」のメッセージを送ります。「木村さん」は「振込」のメッセージから呼び出される振る舞いを実行した後に、戻り値として「成否」を応答メッセージとして「鈴木さん」に返却します。その後、鈴木さんは引き続き振る舞いを続けます。

■ シーケンス図で用いる応答メッセージの関連線の書き方と使い方例

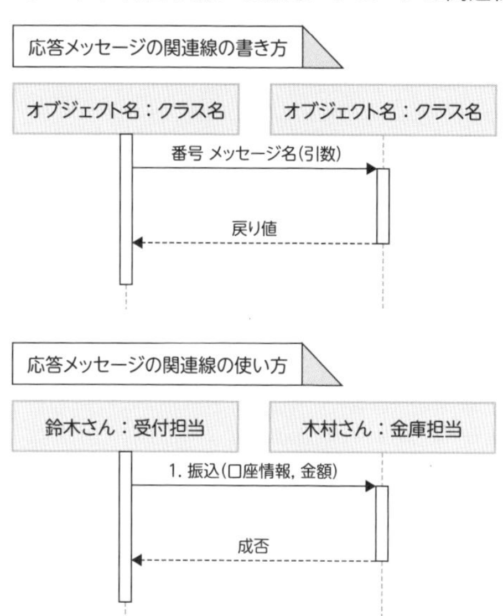

シーケンス図で用いる関連線（生成メッセージ）

生成メッセージの関連線は**先端に矢印を加えた実線**で表記します。実行仕様から新しいライフラインを生成します。線の上に<<create>>とステレオタイプを表記します。更に、その下にクラス名（コンストラクタ名）を表記して、その後の括弧内に引数（2-04参照）を表記して渡せます。

例えば、車組み立て工場Aのインスタンスの振る舞いで車クラスのインスタンスであるセダン車Aを生成する場合、「車組み立て工場A」の実行仕様から「車」の生成メッセージを記載します。生成メッセージの引数にはセダン車Aの名前が格納されている、「車名」というデータを入れます。メッセージの先では「車」クラスの「セダン車A」というライフラインを作成します。以降、「セダン車A」のライフラインは破棄されるまで利用できます。

■ シーケンス図で用いる生成メッセージの関連線の書き方と使い方例

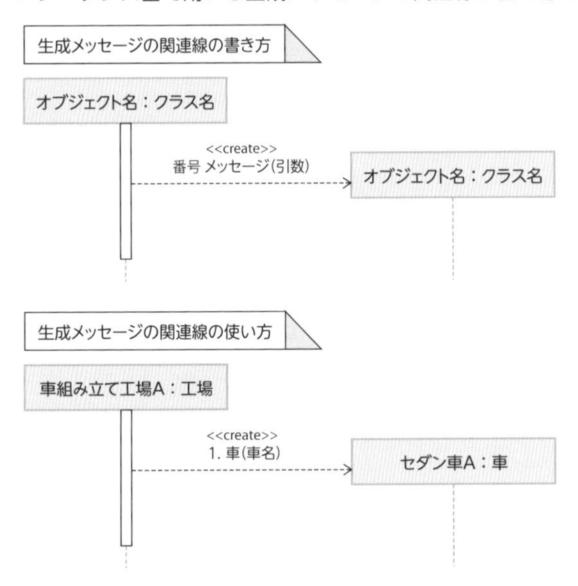

シーケンス図で用いる関連線（仕様外メッセージ）

仕様外メッセージには発見と喪失があります。仕様外とは、**今回のシステム開発の仕様には含まれないシステムの機能の意味で、黒い丸**で表記します。発見は仕様外からの呼び出しの意味で、仕様外を表す黒い丸からの非同期メッセージの関連線で表記します。喪失は仕様外への呼び出しの意味で、仕様外を表す黒い丸への非同期メッセージの関連線で表記します。

例えば、外部のデータベースのシステムにデータを送って値を保存する場合や、別のシステムからデータを受け取る場合などに仕様外メッセージを利用します。

■ シーケンス図で用いる仕様外メッセージの関連線の書き方と使い方例

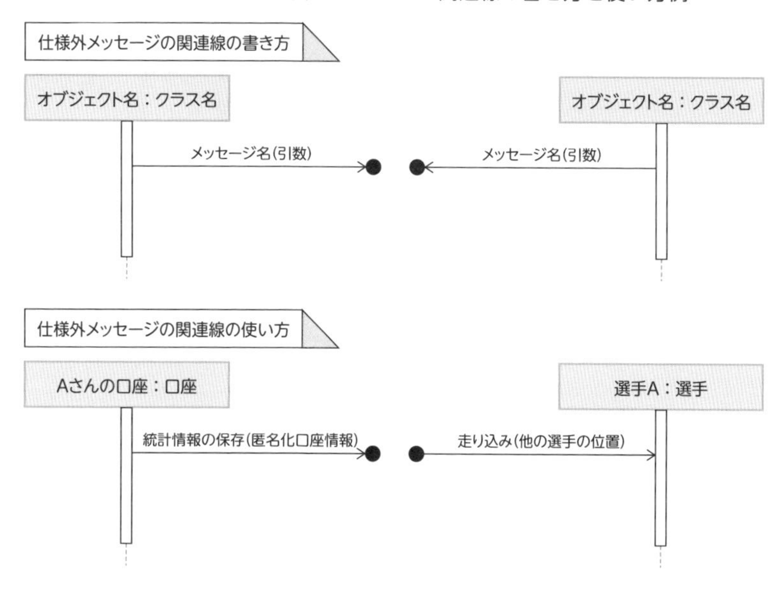

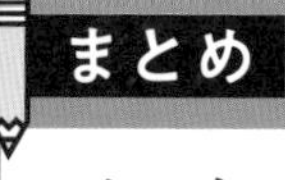

- シーケンス図では実行されているライフラインから発される様々なメッセージを表現できる

05 シーケンス図 ～要素図形を分ける区分～

区分を用いると図の中の要素図形を意味上で分類できます。ここでは、シーケンス図で用いる区分について学んでいきましょう。

シーケンス図で用いる区分の種類

シーケンス図で主に用いる区分は複合フラグメントです。

シーケンス図で用いる区分（複合フラグメント）

複合フラグメントの区分は**矩形**で表記します。左上に複合フラグメントの種類を表記し、中に要素図形や関連線を含められます。区分を点線で区切る場合もあります。代表的な複合フラグメントの種類は次の通りです。

複合フラグメントはシーケンス図の表現力を上げられますが、多用すると可読性が落ちる問題もあります。複合フラグメントを多用しなければならない場合は6-06の相互作用概要図と組み合わせて使う方が良い場合もあります。

種類	表記	機能
分岐処理	alt	条件が満たされた区分が実行される処理
条件処理	opt	条件が満たされた時だけ実行される処理
弱順序処理	seq	区分毎の区分内のメッセージが順番に実行されることが保証される処理
中断処理	break	条件が満たされた時に中断される処理
並行処理	par	各区分が同時に実行される処理
強順序処理	strict	区分毎の区分内のメッセージとそのメッセージ先の処理も含め順番に実行されることが保証される処理

種類	表記	機能
ループ処理	loop	繰り返し実行する処理
排他処理	critical	他からの割り込みをされない処理
否定処理	Neg	通常は発生しない処理
評価処理	assert	属性などの値が正当であるかを評価する処理
無効処理	ignore	図が表す機能とは関係のない処理
重要処理	consider	必ず実行される重要な処理

■ シーケンス図で用いる複合フラグメントの区分（分岐処理）の書き方と使い方例

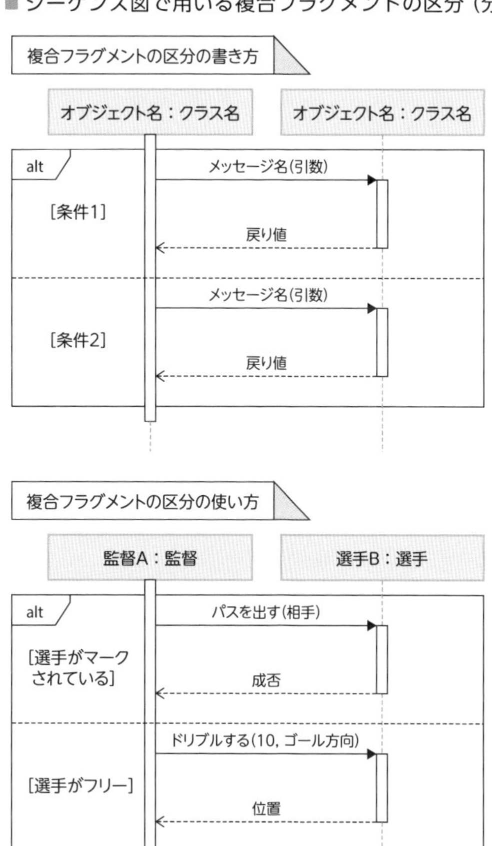

06 相互作用概要図 ～図と図を構成する要素図形及び要素の関係性を示す関連線～

相互作用図の実行の流れについて、概要を図示するのが相互作用概要図です。ここでは、相互作用概要図について学んでいきましょう。

相互作用概要図とは

相互作用概要図は相互作用図の一種です。**シーケンス図やコミュニケーション図で表現される細かい機能がどのような順番で実行されるのかを表現する図**です。実行の順番の表現はアクティビティ図に似た構成をしており、分岐や繰り返しなどを表現できます。

シーケンス図やコミュニケーション図は一つの機能を表現することが多いですが、相互作用概要図で複数のシーケンス図やコミュニケーション図をまとめて、複数の機能の流れを表現できます。

■ 相互作用概要図のイメージ

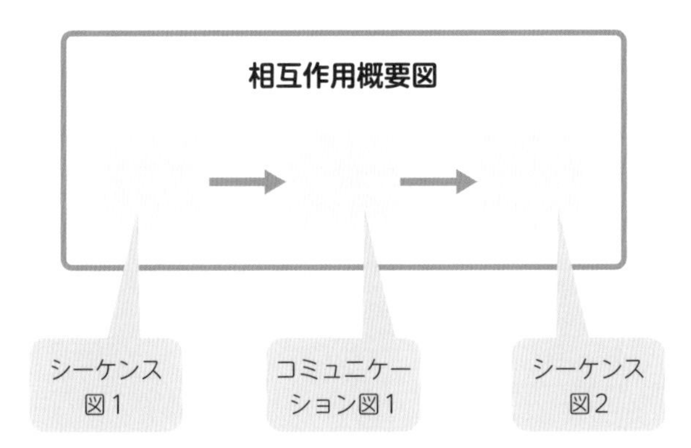

また、シーケンス図やコミュニケーション図でも分岐や繰り返しを表現できますが、シーケンス図で複合フラグメントなどを使いすぎると図が煩雑になり、読みづらくなってしまいます。

シーケンス図やコミュニケーション図を後述のインタラクションの中に埋め込み、アクティビティ図のように遷移の制御を表現するする分岐や繰り返しなどを扱える相互作用概要図と組み合わせることで、より分かりやすく表現できます。

相互作用概要図で用いる要素図形の種類

相互作用概要図で主に用いる要素図形はインタラクションと開始と終了とフロー終了とディシジョンとマージとフォークとジョインとタイマーです。相互作用概要図ではシーケンス図やコミュニケーション図を表すインタラクションをアクションのように扱い、遷移を表現できます。

相互作用概要図で用いる要素図形（開始/終了/フロー終了/ディシジョン/マージ/フォーク/ジョイン/タイマー）

開始と終了とフロー終了とディシジョンとマージとフォークとジョインとタイマーの書き方についてはアクティビティ図（5-02参照）と同様の書き方です。

相互作用概要図で用いる要素図形（インタラクション）

インタラクションの要素図形は**矩形**で表記します。図形の左上に**ref**と表記し、中央にコミュニケーション図やシーケンス図の名前を表記します。

インタラクションを詳細に表記する場合は、図形の左上に**sd**と表記し、その右にコミュニケーション図やシーケンス図の名前を表記します。そして、図形の中にコミュニケーション図やシーケンス図を直接表記します。

■ 相互作用概要図で用いるインタラクションの要素図形の書き方と使い方例

インタラクションの要素図形の書き方

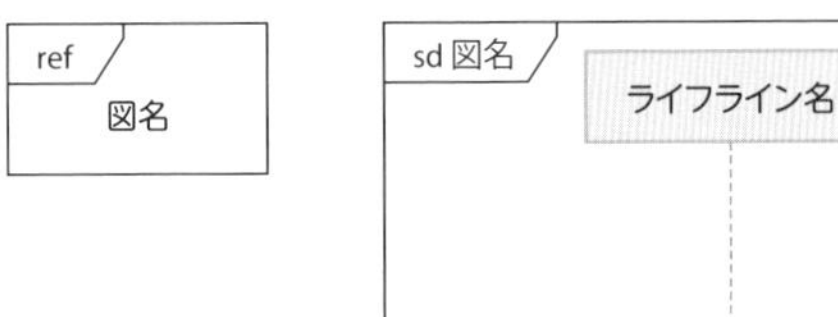

インタラクションの要素図形の使い方

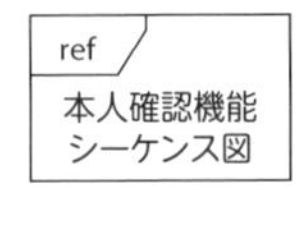

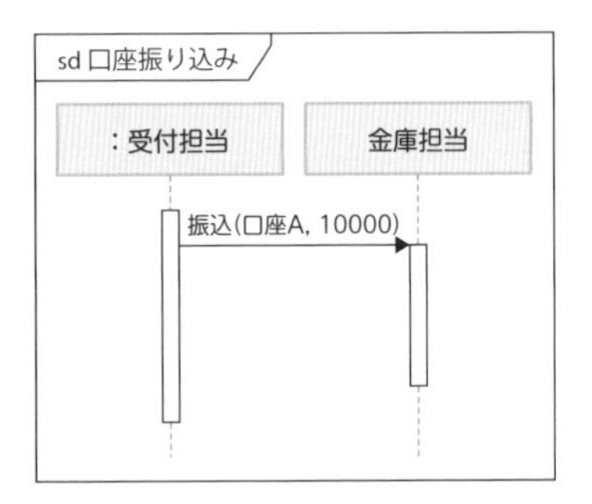

相互作用概要図で用いる関連線の種類

相互作用図で主に用いる関連線は遷移です。

相互作用概要で用いる関連線（遷移）

相互作用図における遷移の関連線はアクティビティ図の書き方（5-03参照）と同様です。遷移はインタラクションの要素図形や制御フローを繋ぎます。遷移元のインタラクションの中の処理を実行した次に遷移先のインタラクションに記載された処理を実行することを表します。

■ 相互作用概要図で用いる遷移の関連線の書き方と使い方例

遷移の要素図形の書き方

→

遷移の要素図形の使い方

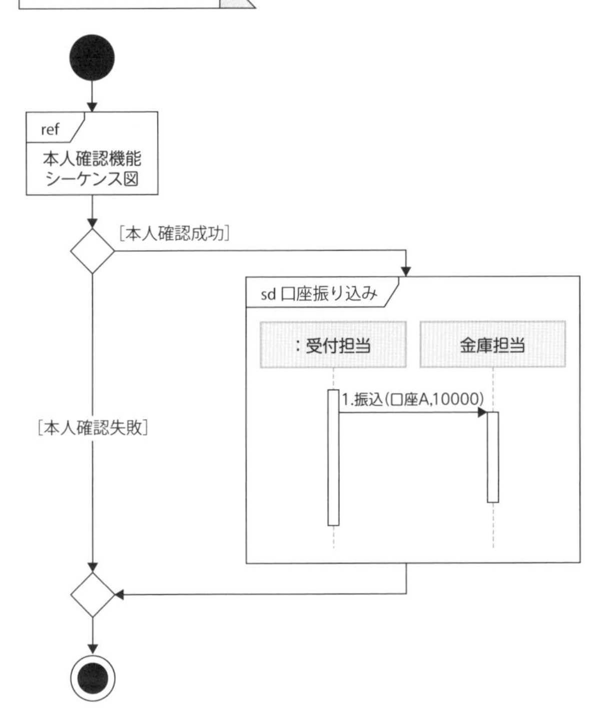

まとめ

- 相互作用概要図はコミュニケーション図やシーケンス図の全体の流れを表現できる
- 相互作用概要図ではアクティビティ図のように制御フローで遷移を表現できる

07 タイミング図 ～図と図を構成する要素図形～

オブジェクトの状態の変化のタイミングについて図示するのがタイミング図です。ここでは、タイミング図について学んでいきましょう。

タイミング図とは

タイミング図は相互作用図の一種です。**それぞれのオブジェクトがどのようなタイミングで相互に影響を及ぼし、状態変化していくのかを時系列で表現**できます。

タイミング図は、状態変化の関係が分かりやすいステートマシン図に対して、オブジェクトの状態変化のタイミングが分かりやすい図になっています。また、複数のオブジェクトの状態の変化の相互作用について表現できます。

■ ステートマシン図とタイミング図

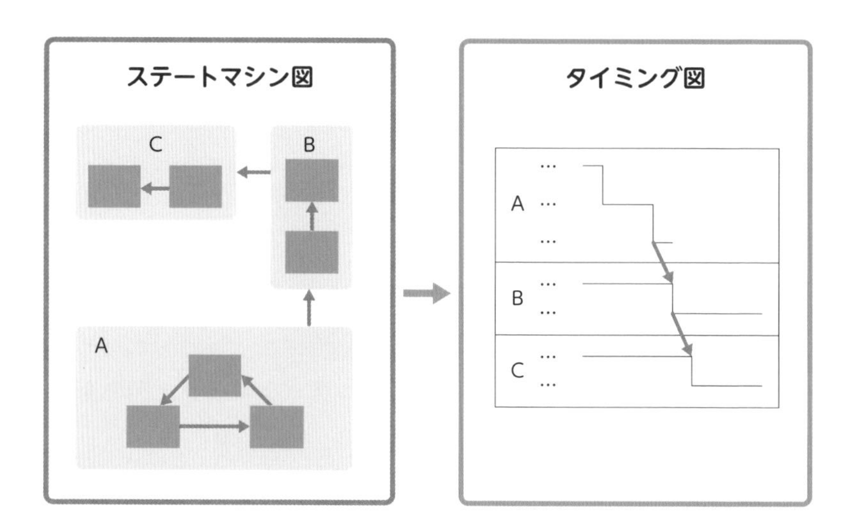

タイミング図で用いる要素図形の種類

タイミング図で主に用いる要素図形はライフラインです。

タイミング図で用いる要素図形（ライフライン）

ライフラインの要素図形は**矩形**で表記します。ライフラインは状態が遷移するオブジェクトのことです。左側にクラス名とオブジェクト名を表記します。次に、状態名を表記し、更に現在どの状態かを表す線を表記します。

また、状態が遷移した際に発生したイベントのイベント名や遷移に要する時間などを表記できます。

■ タイミング図で用いるライフラインの要素図形の書き方と使い方例

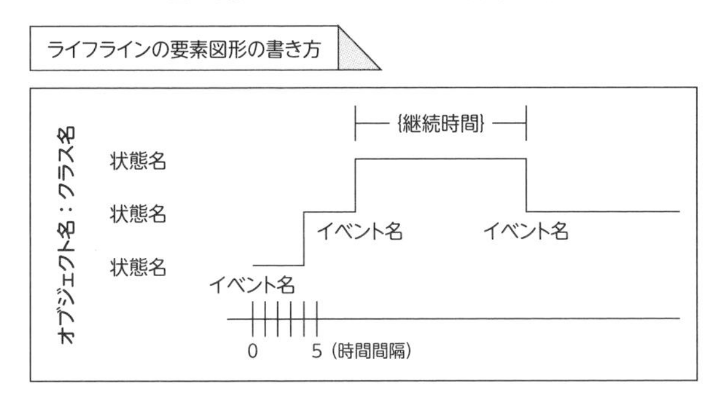

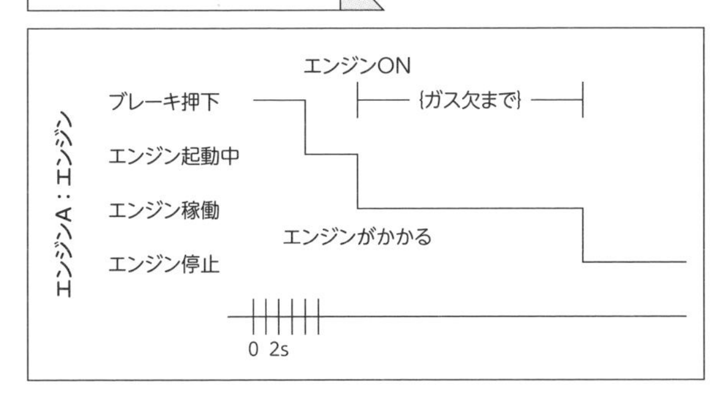

08 タイミング図
～要素の関係性を示す関連線～

要素図形間の関係性は関連線で表します。ここでは、タイミング図で用いる関連線について学んでいきましょう。

タイミング図で用いる関連線の種類

タイミング図で主に用いる関連線はメッセージです。

タイミング図で用いる関連線（メッセージ）

タイミング図におけるメッセージは状態が別の状態に影響を与える場合に繋ぎます。メッセージの関連線は**先端に矢印を加えた実線**で表記します。オブジェクトの状態を表す線を繋ぎます。線にはメッセージ名を表記できます。

例えば、スイッチAは、OFFからONの状態に遷移されると、電灯Aにスイッチ ONというメッセージを送ります。電灯AはスイッチONのメッセージを受け取ると、消灯の状態から点滅の状態に遷移します。その後、電灯Aは一定期間点滅したのち、点灯の状態に遷移します。

更にスイッチAは、ONからOFFの状態に遷移されると、電灯Aにスイッチ OFFというメッセージを送ります。電灯AはスイッチOFFのメッセージを受け取ると、点灯の状態から消灯の状態に遷移します。

■ タイミング図で用いるメッセージの関連線の書き方と使い方例

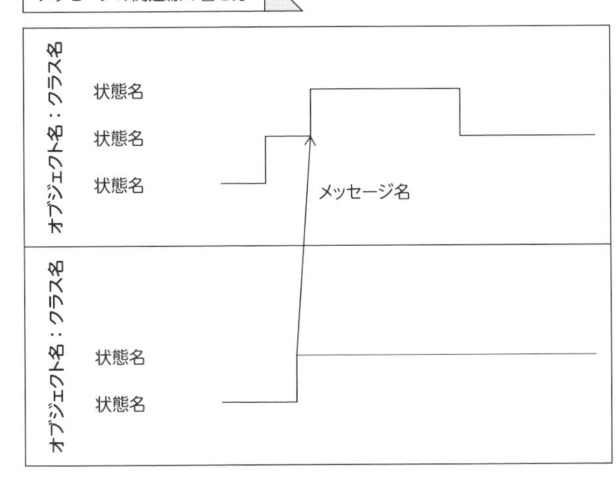

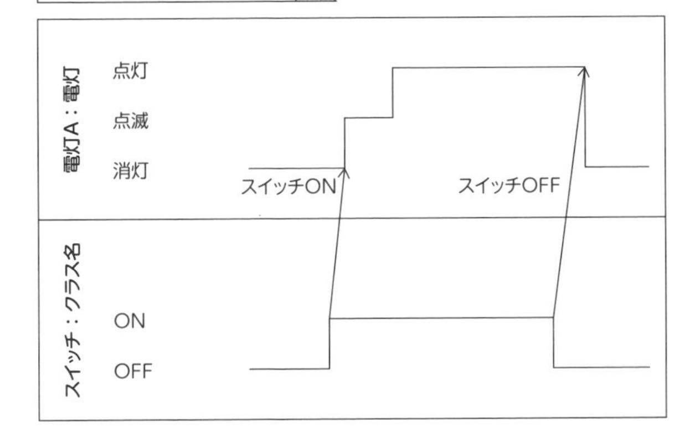

まとめ

- タイミング図はオブジェクトの状態遷移を時系列で表現できる
- タイミング図では 複数のオブジェクトの状態遷移の相互作用を表現できる

コードファーストとUML

近年のシステム開発において、社会や顧客の要望に柔軟に対応するために、また、想定外のバグに対処するために、変更や追加開発などの需要が高くなっています。身近なところではスマートフォンのアプリのアップデートなどがあります。システムは変更や追加があった場合、実際にシステムを構成しているプログラムやハードウェアだけでなく、変更された箇所を記載している設計書などのドキュメントも変更して整合性を保たなければなりません。このメンテナンスのコストは馬鹿になりません。例えば、1つのクラスの1つの振る舞いの1つの処理の変更の必要が出たとして、システムそのものの変更はプログラムを1行書き換えれば終わりだとしても、その機能にまつわる設計書の修正は見直す作業も含めて馬鹿になりません。

一方、近年スフとウェアを開発するためのツールとして統合開発環境（IDE）や高機能エディタが目覚ましく進化しています。これらを使ってプログラミングすると、エディタ上の文字を色付けしたりツリー構造を表示したりしてくれるため、システムの静的構造は簡単に確認できます。また、メッセージの呼び出し関係やデータのライフサイクルなども監視してくれる場合もあり、動的構造まで把握しやすくなっています。

それでは、静的構造や動的構造をあえて別に記載するUMLなどの図は不要なのでしょうか？これは必ずしもそうとは言えないと考えます。システムの機能や構造はプログラムに表れても、目的や方針はプログラムには表れません。UMLでは何のための機能かを表すこともできます。単体の機能としては成立していても、システムの本来の目的にはそぐわない場合などの発見にもなります。

また、いくら便利になっても、やはりプログラムの解読には時間がかかります。勿論、プログラムが読めるエンジニア以外への情報共有も必要です。システムについて関係者の理解の共有を図るために、図は有効な手段です。更に、図を作成することで、エンジニア自身のシステムに対する理解も深まります。

これらの理由から、UMLをはじめとする図の作成はメンテナンスコストなどと相談しながらも有効活用していくと良いでしょう。

7章

開発の標準化

複雑なシステムの開発、多数の人が参加する開発では、開発方法を標準化し、作業を迷わないようにすることは重要です。作業手順や成果物が人によってばらばらだと作業効率も悪く、成果物の品質も低くなってしまいます。
この章ではシステム開発の方法や手順について標準化した、開発標準ついて説明していきます。

01 開発標準と開発工程

システム開発は作業内容ごとに工程を分割して行います。ここでは工程の分割と各工程について学んでいきましょう。

開発標準とは

開発標準とは、開発を行っていく手順や成果物、その作成方法など、開発にまつわるものを一般共通認識になるよう定めたもののことです。このように物ことを一般共通認識にしていくことを標準化といいます。

開発を標準化することで様々なメリットがあり、システムの品質を高められます。まず、手順が明確になり進捗管理がしやすいです。手順が開発メンバー間で共通認識になっていれば、現在どの作業をしておりどのくらい作業が進んでいるのかが分かります。また、成果物やその作成方法について定まっていることで、成果物のばらつきがなくなります。開発標準が定まっていないと、作業がどこまで進んでいるのか分からず、資料も人によってまちまちで、メンバーでの言葉の定義の違いから作業の行き違いなどが発生する可能性もあります。

■ 開発標準の効果のイメージ

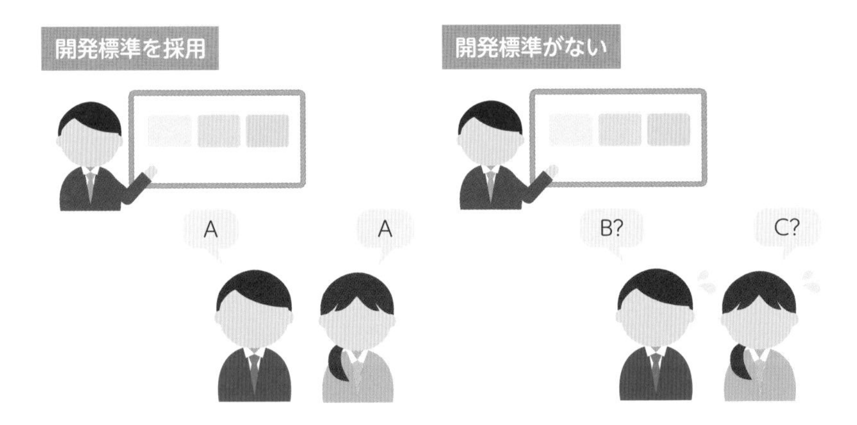

開発工程の分割

開発標準では開発を行っていく手順を標準化していきます。開発を行っていく手順は目的に合わせて分割し、それぞれを工程といいます。工程を分けて行うことで作業が明確になり、進捗管理もしやすくなります。開発標準ではシステムの企画から破棄まで全ての工程を標準化しています。

本書では、システムの開発が決まった後から、それをリリースする前までの4つの工程について説明していきます。これらの工程の分け方は基本的には定まっていますが、企業やプロジェクトによって呼び方などが若干異なります。また、実際の開発標準では、更に広い範囲で詳細に分けられた開発の工程が存在しますが、本書では次の工程の分け方と範囲を用います。

以降に、各工程とそこで行う作業の例について説明していきます。作業についても企業やプロジェクトによって呼び方や方法が異なる場合もありますが、一例として紹介していきます。

■ 本書における開発工程

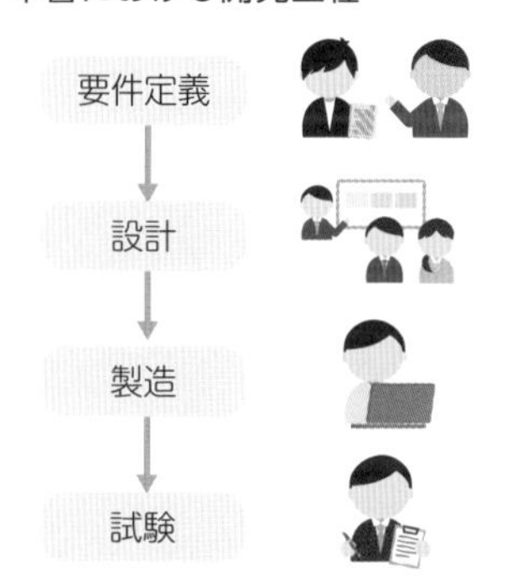

顧客の要求を収集・分析しシステムの仕様を定める

システムの仕様を実現する方法を定める

システムを実現する

システムが実現できているか検証する

まとめ

- 開発標準とはシステムの開発方法を一般共通認識にすることである
- 要件定義、設計、製造、試験などの開発工程に分類できる

02 要件定義 ～システム開発の目的を定める～

システムの開発が始まってまず行うのが、顧客の要求をシステムの仕様に落としこんでいく要件定義です。ここでは要件定義について学んでいきましょう。

要件定義とは

要件定義はシステムの開発が決まり、最初に行う工程です。システムを開発するにあたり、まず定めなければならないのは、これから開発するシステムは何のためのシステムか？ということです。例えば、受注生産の場合は顧客の要求を満たすため、自社などで開発する場合は社会の要求を満たすためなどに開発を行います。これらの顧客や社会の要求を満たすシステムの機能について定義し、分析して、その機能の中で今回の開発で実現すべき機能を割り出します。これらの機能のことを要件といいます。

このようにして、**顧客や社会の要求を満たすためにシステムに組み込む要件を分析・定義すること**を要件定義といいます。要件定義では、UMLなどを含めた要件定義書を成果物にするのが一般的です。

■ 要件定義工程の位置づけ

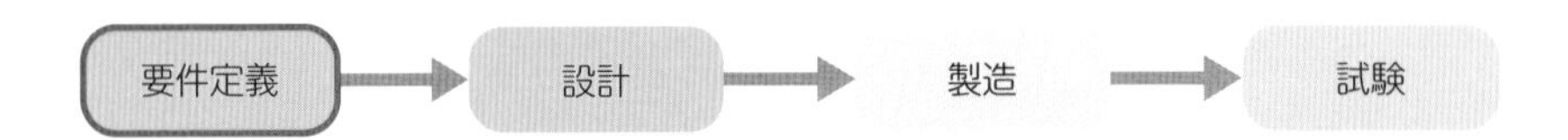

要件定義で行う作業

要件定義では、情報収集、分析、仕様の定義を行っていきます。

まず初めに情報収集の作業を行います。情報収集の情報とは顧客の要求に繋がるものです。情報収集の作業の方法は大きく分けて2つの方法があります。1つは**トップダウンアプローチ**、もう1つは**ボトムアップアプローチ**です。トップダウンアプローチとは、経営者や企画者などからシステム開発の背景や目的、概要などを情報収集する方法です。ボトムアップアプローチとは、現場などからこれから開発するシステムが実現する業務の現状などを情報収集する方法です。次に分析の作業を行います。分析では収集した情報の矛盾や重複などが無いように整理していきます。最後に、仕様の定義の作業を行います。仕様の定義では分析した結果を元に、今回の開発で作るべき機能について定めていきます。この機能が要件になります。このように情報（顧客の要求）から要件を定義していくので要件定義と言われます。

例えば、銀行の窓口業務のシステム化のプロジェクトについて考えます。まず、システム化の企画を出した銀行の担当者からトップダウンアプローチで、今回のプロジェクトの背景や目的、概要を確認します。更に、ボトムアップアプローチとして、現場での窓口業務のマニュアルの入手や担当者へのヒアリングを行います。次に、入手した情報を分析します。分析の結果、窓口業務には、振込と引出があることが分かりました。その中で、今回の案件では緊急度が高い、振込の機能を要件として開発することに決まりました。そこで、これらを資料化し、要件定義書にする、というような流れです。

■ 要件定義工程の作業手順例

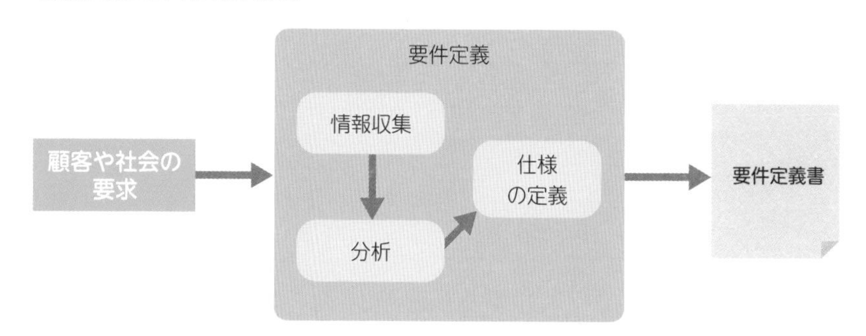

03 設計 ～システム開発の方法を定める～

要件定義の次に行うのが、システムの仕様を実現する方法を考える設計です。ここでは設計について学んでいきましょう。

設計とは

要件定義を行って、次に行うのが設計です。定義された要件の機能は、まだ具体的にどのようにすれば実現できるのかが分かっていません。機能の実現に必要なハードウェアやソフトウェアについて考える必要があります。更に、ソフトウェアについて、どのようなオブジェクトがあって、どのように連携させていくのかを詳細に考えていく必要があります。設計では、まず、全体的な構成を考え、段階的に詳細化していきます。最終的には設計で考えられた内容があれば、何度も同じものが作れるレベルまで詳細化します。

このようにして、**要件定義工程で定義した要件をどうやって実現するのかを段階的に詳細に考えていくこと**を設計といいます。設計ではUMLなどを含んだ設計書を成果物にするのが一般的です。

■ 設計工程の位置づけ

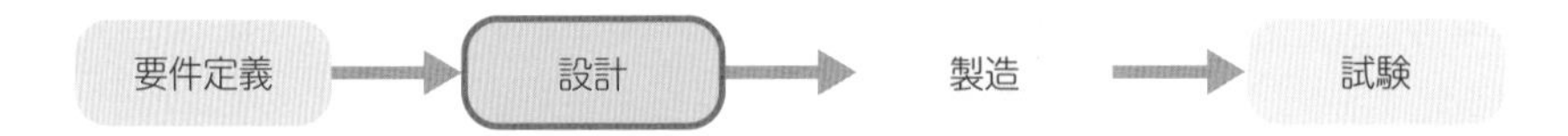

設計で行う作業

設計では、**アーキテクチャ設計**、**クラス設計**、**相互作用設計**を行っていきます。

アーキテクチャ設計の作業では、システムの基本的な構成や利用するフレームワーク（システムの雛形）などを定義します。基本設計、方式設計などとも呼ばれます。クラス設計の作業では、システムで利用するクラスの静的構造について定義します。クラス名などは製造を意識して作成します。相互作用設計の作業では、システムで利用するインスタンスの動的構造について定義します。

例えば、アーキテクチャ設計で、銀行のシステムをWebアプリケーションで開発するためにSpring Framework（Webアプリケーションなどの開発に用いられるJava言語のフレームワーク）というフレームワークを活用することを定義します。次にクラス設計で口座や振込などの銀行のシステムで使うクラスやインターフェースなどを定義します。次に相互作用設計で振り込みの機能の流れを定義します。これらを資料化し、設計書にする、というような流れです。

実際の作業では、いきなり製造を意識した設計を行うことは難しいので、段階的に要件となる機能を詳細化していき、製造できるレベルに近づけていきます。振る舞いに複雑な処理の流れなどがある場合は、処理の流れを詳細に設計する詳細設計を行う場合もあります。

■ 設計工程の作業手順例

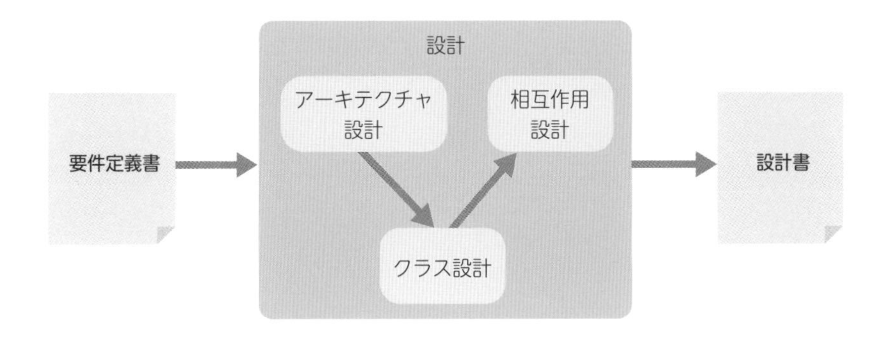

04 製造 ～実際にシステムを作る～

設計の次に行うのが、設計で定義した方法を実際に実現していく製造です。ここでは製造について学んでいきましょう。

製造とは

設計を行って、次に行うのが製造です。設計によって明らかになった開発の方法に従い、実際にシステムを構築していきます。システムはハードウェアを設計通りに配置し、その中に設計通りのソフトウェアを設計通りの設定で作成して入れる必要があります。ソフトウェアの作成はプログラムを書いたり、ツールなどを使ったりして作成していきます。更に、プログラムが意図した通りに動くのか振る舞いごとに確認する単体テストを行います。

このようにして、**設計工程で定義した内容通りにハードウェアやソフトウェアの環境構築・実装・動作確認を行うこと**を製造といいます。製造では、単体試験で動作検証を行ったシステムと試験結果を成果物にするのが一般的です。

■ 製造工程の位置づけ

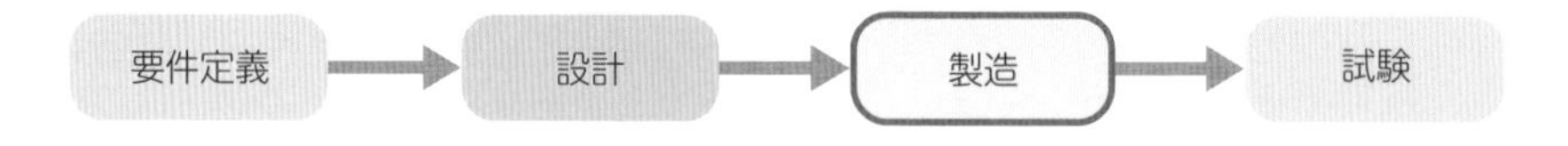

製造で行う作業

製造では、**プログラミング**と**環境構築**と**単体試験**を行っていきます。

プログラミングの作業は、設計書に従ってクラスなどのプログラムをプログラミング言語で記述していきます。近年はツールを使ってプログラミング言語を書かなくとも製造できるノーコードという方法もあります。

環境構築の作業では、設計書に従ってハードウェアを配置し、プログラミングの作業で作成したプログラムや設計書に記載されている設定ファイルなどのデータをハードウェア内の適切な場所に配置していきます。更に、単体試験の作業は、作成したクラスの振る舞いに対して期待した通りの動作をするかの検証を行います。

例えば、銀行のシステムのクラス設計・相互作用設計に従いプログラミングを行います。その後、アーキテクチャ設計に従って環境構築を行い、プログラムや設定ファイルを配置していきます。完成したら、それぞれのクラスのメソッドが設計書の通りに動作するかを単体試験で検証します。試験に合格したものをシステムとして、試験の結果を添えて成果物にする、というような流れです。

単体試験は行う作業は試験ですが、次の試験工程ではなく、製造の工程で開発者自身が行うことが一般的です

■ 製造工程の作業手順例

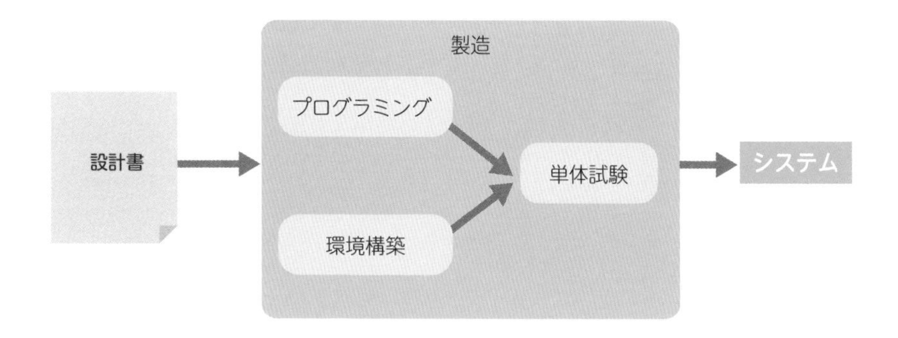

05 試験 ～作ったシステムを検証する～

製造の次に行うのが、製造で作成したシステムを検証していく試験です。ここでは試験について学んでいきましょう。

試験とは

製造を行って次に行うのが試験です。製造で作成したシステムについて十分な品質を満たしているのかを検証していきます。システムの品質については、ISO(国際標準化機構)などでも定義されており、一般的に用いられております。この品質の観点で要件定義や設計で定義してきた内容が満たせているのかを確認していきます。

例えば、常にシステムを動作させることが要件に組み込まれている場合、ISOが定義している可用性(システムの継続して稼働できる品質を表す)が要件を満たしているのかを試験します。もし満たされなかった場合は、システムを修正して再度試験を行います。

このように、**ここまで行ってきた要件定義、設計、製造を検証すること**を試験といいます。

試験の作成や実施にあたり、定義された試験や実施された結果、その対処などを記録していったものを成果物とすることが一般的です。

■ 試験工程の位置づけ

試験で行う作業

試験では、**機能試験**、**システム試験**を行っていきます。これらの試験の順番についてはここまで行ってきた工程に対応付けて行います。

機能試験は設計の工程に対応付けて行います。設計を段階的に行うことがあるように、対応する機能試験も段階的に行うことがあります。振る舞いを組み合わせて行う結合試験や、コンポーネント単位で行うコンポーネント試験などがあります。設計書通りにシステムが動作するかを検証します。システム試験は要件定義のフェーズに対応付けて行います。要件定義書通りにシステムが動作するかを検証します。

例えば、銀行のシステムにおいて、設計書に記載した口座振り込みの機能が、仕様通りに動作するかを機能試験で検証します。全ての機能の試験に合格していることを確認したらシステム全体として要件を満たせているかをシステム試験で検証します。試験の項目や実施記録を資料に残していく、というような流れです。

■V字モデルの図

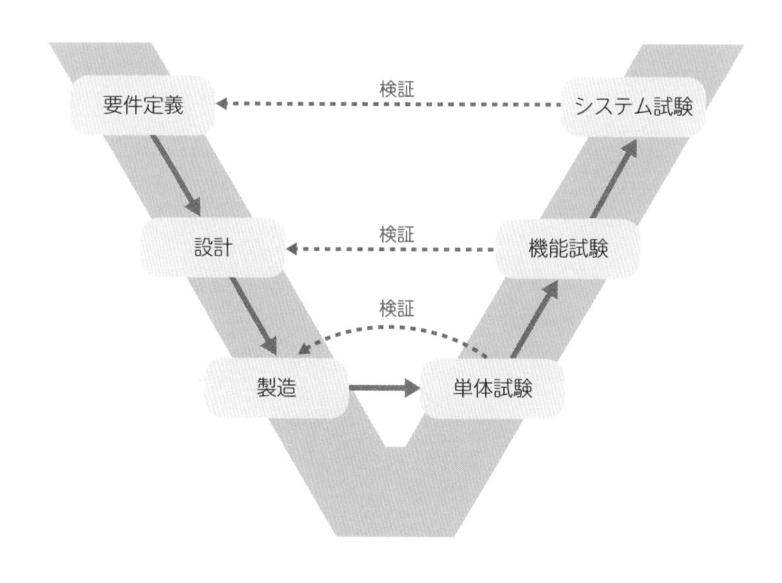

06 開発方式

システム開発において、開発フェーズのセットをどのように行っていくのかが開発方式です。ここでは代表的な開発方式について学んでいきましょう。

開発方式とは

開発方式とは、**開発フェーズの4つの工程をどのように行っていくのかの方法**の種類です。開発方式には、開発フェーズを一セット実施することでシステムを完成させるのか、開発フェーズのセットを何度も繰り返すことで少しずつシステムを作り上げていくのかなど、様々な方法があります。

代表的な開発方式にウォーターフォール、プロトタイピング、スパイラルなどがあります。ここでは3つの開発方式について紹介していきます。

■ 開発方式のイメージ

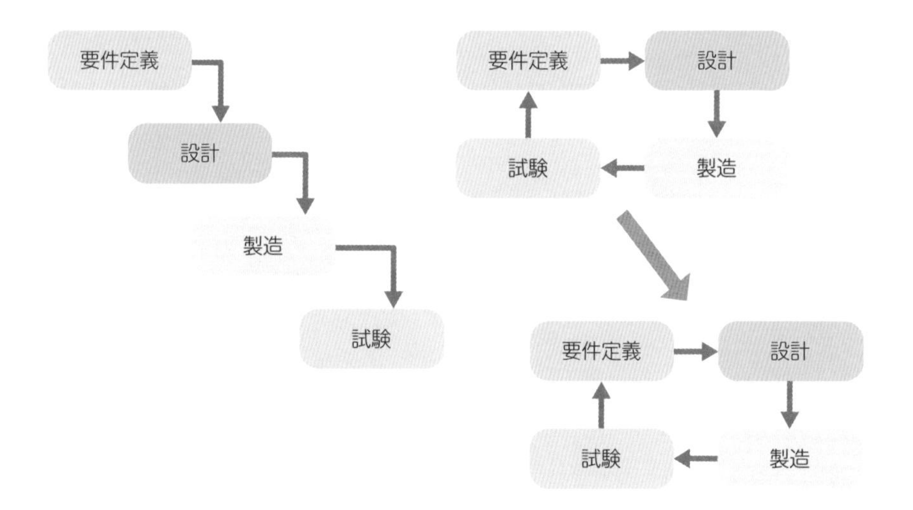

緻密に計画して一気に開発するウォーターフォール方式

ウォーターフォール方式では、要件定義から試験までを各一回行います。水が流れ落ちる際に逆に登ったりはしないように、基本的にフェーズが戻ったりしないという意味でウォーターフォールといいます。ウォーターフォールでは最初に緻密に計画を練り、その通りに作業を進めていきます。

ウォーターフォールのメリットは、まず、進捗が管理しやすいことがあげられます。計画が決まっているので、計画に対してどの程度まで進んでいるのかを把握できます。また、最初に計画を作った時点で大まかなかかる費用が分かり、予算を組みやすいです。更に、各フェーズでの期間が計画で決まっているので、各フェーズのスペシャリストなどの人員を用意しやすいです。

一方、デメリットとしては、計画にはない変更などが途中で発生した際に、対応が難しいことです。また、製造が終わるまで動作するシステムとしての成果物がないので、でき上がった時点で顧客とのイメージの相違があった場合に取り返しがつかないということです。

大規模な業務システム開発プロジェクトなどで利用されることがあります。

■ ウォーターフォールのイメージ

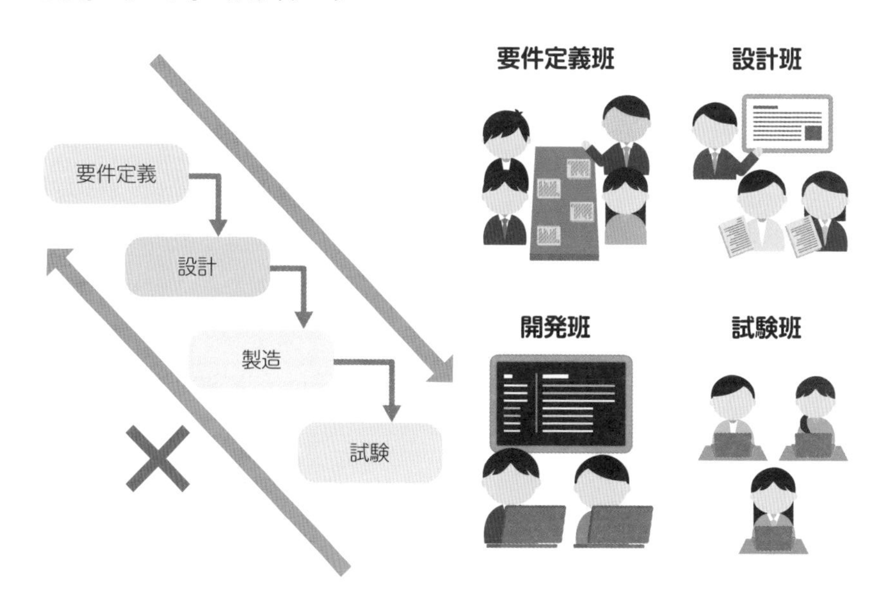

試作品を作ってから本番の開発を行うプロトタイピング方式

プロトタイピング方式では、一度、要件定義から試験までを低コストで行った上で、改めて本番の要件定義から試験までを行います。まずお試しのプロトタイプのシステムを作成することからプロトタイピングといいます。プロトタイプのシステムは、顧客や投資家、上司などにプレゼンテーションに使うための必要最低限の機能を備えたシステムです。

プロトタイピングのメリットは、低予算で早い段階から動くシステムを顧客や投資家、上司などに見せられ、要望を聞いてから本開発ができることです。

一方、デメリットとしては、プロトタイプのシステムは先のことを考えて開発していないと再利用が難しく、無駄になる可能性があることです。

前例の無いシステムを新規開発するプロジェクトなどで利用されることがあります。

■ プロトタイピングのイメージ

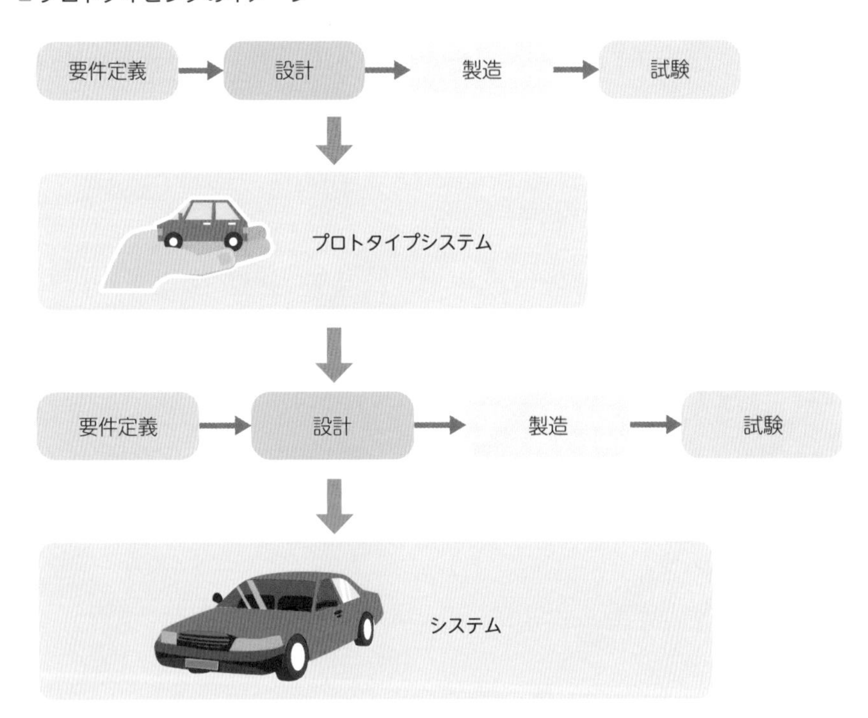

各フェーズを繰り返して行うスパイラル方式

スパイラル方式では、要件定義から試験までを何度も繰り返します。要件定義から試験までを回すように何度も繰り返すことからスパイラルといいます。スパイラル方式を用いて、繰り返す開発の範囲を機能毎とし、様々な方法で開発を効率化するアジャイル開発が広く普及していいます。1つ1つの機能を要件定義から試験までをスプリントという単位で行って開発し、更に次の機能を開発して追加していくことを繰り返します。機能の追加や修正などを行う際に、システムの流れやインターフェースなどを図で確認できるUMLとも相性が良い開発方法であるといえます。

スパイラルのメリットは、段階的に開発していくため、早い段階から動くシステムを顧客や投資家、上司などに見せられ、要望を聞いて修正や追加開発を行えることです。一方、デメリットは、あとどのくらい機能を作れば良いのか分かりづらく、作業の進捗や終了のタイミングが難しいことです。更に、各フェーズのスペシャリストなどの要員を確保するタイミングが難しいことです。全てのフェーズに対応できるフルスタックエンジニアの存在が重要になることが多いです。

後から機能を追加していくようなシステムを開発するプロジェクトなどで利用されることがあります。

■ スパイラル（アジャイル）のイメージ

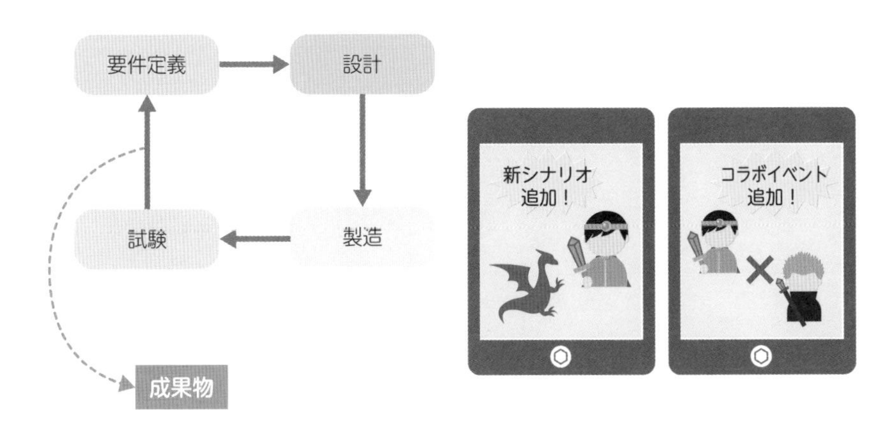

COLUMN

UMLと開発工程

UMLは、3章から6章まで紹介してきたような文法を定義しているだけで、「この工程ではこのUMLを使う」というようなことは決まっていません。例えば、よく要件定義で用いられる画面遷移図は、ステートマシン図(5-06参照)の文法を用いて記載します。一方、設計で用いられるインスタンスの状態遷移図にもステートマシン図の文法を用います。

UMLはあくまでツールであり、状況に応じて表現しやすく伝わりやすい図を自由に選択して用いることができます。どの工程でどのUMLを使っても構いませんし、近年はシステム開発に限らず、ビジネスのモデリングなどにも用いることもあります。ここまでにもサッカーの例などを出していますが、スポーツの戦術などを考える際に使ってみても面白いかもしれません。

このように様々な用途に使えるUMLですが、システム開発において、どの工程でもUMLを自由に選択できるとなると、開発者によっては適切ではない図を選択してしまうことも起こりえます。現在のUMLはあくまで図の定義だけですが、UMLの起源はシステム開発の標準化のため(1-02参照)でした。UMLをバージョンアップさせる段階で、図の定義と標準化した開発手法を切り離し、様々な場面で利用できるものとしていったのです。オブジェクト指向的に言うと、UMLは開発手法に依存していたものだったのですが、依存関係を取り払ったことで汎用性を高めた、ということです。汎用性が高まった一方で、今度は利用方法を考えなければなりません。

以降の章では、仮想のプロジェクトを用いて、7章で学んだ工程ごとにUMLを活用していく一例を紹介してきます。企業などでは開発者が迷わないように作業手順の中に、「この工程でこのUMLを用いる」と定めている場合もあります。様々な例を学び、活用していくことで、UMLのそれぞれの図がどのような表現に役に立ち、どのような問題を解決していくのか学んでいきましょう。

8章

要件定義における UMLの作成

この章ではUMLを用いたシステム開発における要件定義の作業例について紹介していきます。要件定義においては、顧客や社会に提供する機能の情報を共有します。また、次の設計工程に向けて仕様を固めます。そのために、UMLなどの図を用いて顧客や設計者に分かりやすい図を作成することは重要です。要件定義におけるUMLの作成についてスポーツ用品店のシステム開発のプロジェクトの例を通して学んでいきましょう。

01 要求の収集

要件定義ではまず初めに顧客の要求の収集を行います。ここでは、仮想のシステム開発の例に合わせて顧客の要求の収集の流れについて学んでいきましょう。

要求の収集とは

システム開発において、初めに行うのは何のためのシステムかを定義することです。そこで、**システムが解決する顧客や社会の課題を明らかにするために、顧客や社会の要求**を収集します。要求はシステム開発の背景や目的、現状などの情報から収集することができます。

要求の収集には、ヒアリングやアンケート、ビジネスに用いている文書などの収集や公的機関や学術機関からの統計データの収集などを行います。これらの要求の収集は収集方法によってトップダウンアプローチ（8-02参照）とボトムアップアプローチ（8-03、8-04参照）に分けられます。

■ 要求の収集

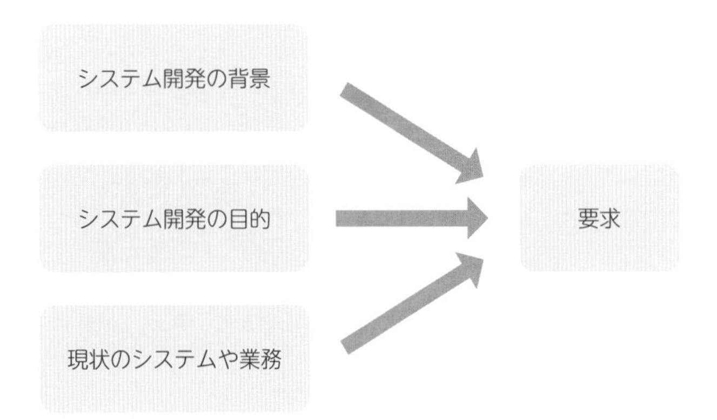

本書におけるシステム開発のプロジェクトの例

本書では、以降、ユーエムエルスポーツという仮想のスポーツ用品店のシステム開発プロジェクトを例に、各工程での作業について説明していきます。

ユーエムエルスポーツでは、既に運用されているECサイト（インターネット上で商品を売買するサイト）のWebシステムがあります。本書の例では、このWebシステムに、オーダーメイド商品を取り扱う機能の追加開発を行うという設定です。

具体的なシステム開発プロジェクトの例で、UMLを実際にどのように活用していくのかを学んでいきましょう。なお。本書ではUMLの説明を目的とするため、実際のプロジェクトではもっと詳細に行うべき作業の省略や、実際は簡素化する場合のある作業をあえてUMLを用いて紹介している場合もありますので、ご承知下さい。

■スポーツ用品店を例に紹介

■会社名
ユーエムエルスポーツ(株)
■事業内容
同名の総合スポーツ用品店を全国に展開
■特徴
各店舗に様々なスポーツのエキスパートの店員がおり、オーダーメイドの商品も扱っている

まとめ

- システム開発では、まず初めに要求の収集を行う
- 要求の収集の方法にはトップダウンアプローチやボトムアップアプローチがある

02 トップダウンアプローチ

要求の収集をするにあたり、有名な2つの手法があります。ここではトップダウンアプローチについてと、その例について学んでいきましょう。

トップダウンアプローチとは

トップダウンアプローチでは**プロジェクトの概要をつかむために、経営者や企画者などから調査を行い**ます。調査を行う内容は、開発を行うにあたった背景や目的、どのようなシステムを実現したいのか等です。このため、ヒアリングなどを行います。これらは要件定義の前の企画工程で行われていることが多いですが、改めて精査します。

■ トップダウンアプローチのイメージ

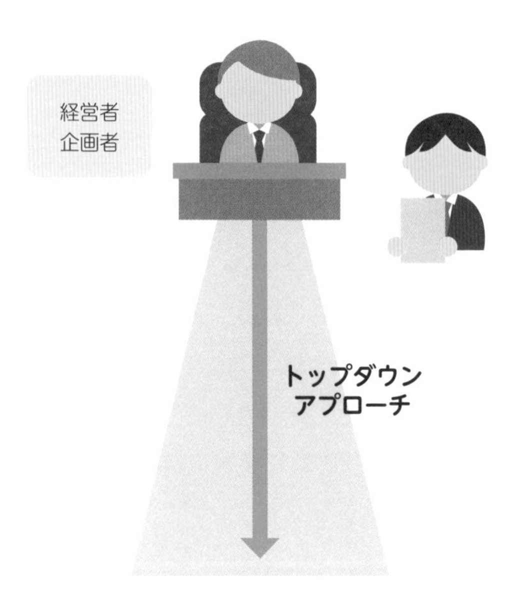

トップダウンアプローチによる情報収集

以下は、ユーエムエルスポーツからトップダウンアプローチで収集した情報です。

ヒアリングメモからはユーエムエルスポーツの背景を読み取ることが出来ます。本書ではあまり深く触れませんが、一見システムに関係無さそうな内容でも、用意すべきシステムの性能等の非機能要件を読み取れることもあります。

課題と要求のメモからは、システムが実現すべき要求が読み取れます。

■トップダウンアプローチでユーエムエルスポーツから収集した情報

ヒアリングメモ

ユーエムエルスポーツは、大型のスポーツ用品チェーン。様々なメーカーの商品を取り扱う他に受注生産のオーダーメイド商品も取り扱っている。オーダーメイド商品については、会員限定の販売で、生産・販売・配達まで自社ワンストップでサービスを展開している。ECサイトを含む自社のシステムがあり、在庫管理に加えて Webでの商品販売のサービスを提供している。

課題

・自社のシステムがオーダーメイドに対応していない
・オーダーメイドの作業の流れが一部のベテラン店員に依存しており品質にばらつきがある
・オーダーメイドの受注の状況が一部のベテラン店員にしか分かっていない

要求

・オーダーメイドのサービスをシステムで管理したい

03 ボトムアップアプローチ①

要求の収集をするにあたり、有名な2つの手法があります。ここではボトムアップアプローチについてと、その例について学んでいきましょう。

ボトムアップアプローチとは

ボトムアップアプローチでは、**プロジェクトの詳細をつかむために、現場での現在行われている業務の調査**を行います。調査を行う内容は、システム化しようとしている現状の業務内容になります。

このため、現場でのヒアリングやアンケート、現在行われている業務の手順書、業務で用いている帳票、原稿のシステムの資料などを収集します。

■ ボトムアップアプローチのイメージ

ボトムアップアプローチによる情報収集

以下はユーエムエルスポーツからボトムアップアプローチで収集した情報になります。

オーダーメイド業務の流れ手順書からは、システムが実現すべき機能の流れやオーダーメイド商品の取り扱い状態の遷移について、読み取ることができます。

オーダーメイド商品ヒアリング入力シート入力項目からは、オーダーメイド商品について扱うべきデータについて読み取ることができます。

■ボトムアップアプローチでユーエムエルスポーツから収集した情報

オーダーメイド業務の流れ手順書

① 会員証を確認
② ヒアリングシートに従って、オーダーメイド商品のヒアリング
③ ヒアリングシートを元に仕様書を作成し、工場に生産依頼
④ 工場から商品を受け取り、仕様書通りか確認
⑤ 問題なければ、お客様に連絡し、お客様元に発送
※オーダーメイド商品の納期は20日(発送は1日かかる)
※キャンセルは④まででキャンセル費は(キャンセル日-発注日)×5%

オーダーメイド商品ヒアリング入力シート入力項目

■顧客ID:
会員証表面中央に記載されている会員証発行時に発番した8桁の番号
■商品種類:
オーダーメイド対象の商品の種類(Tシャツ、シューズ、ユニフォーム等)
■サイズ:
L/M/Sの他、詳細に設定可能
■デザイン:
プリントされる絵などを変更可能

04 ボトムアッププアプローチ②

システム開発では、現行のシステムに追加開発を行うこともあります。ボトムアップアプローチでは現行のシステムの情報収集も行います。

ボトムアップアプローチによる情報収集①

左記はユーエムエルスポーツからボトムアップアプローチで収集した情報になります。左記の現在のシステムの業務フロー図からは、現行のシステムの会員認証機能の流れについて確認することができます。

会員認証機能は、顧客がシステムにアクセスした時に最初に実行される、顧客がシステムに登録されている会員かどうかを確認し、登録されている場合はその顧客をログイン状態にして買い物ができるようにする機能です。

この機能に関連するのはシステム（①）とシステムを利用する顧客（②）になります。

機能の処理の流れとしては、始めに、顧客がシステムにアクセスすると（③）、システムは会員認証画面を表示します（④）。表示された画面に顧客が会員情報を入力すると（⑤）、システムは会員情報のデータを受け取ります（⑥）。

次に、システムはそのデータを使って会員認証を行います（⑦）。会員認証の結果によってその後の処理が分岐します。認証成功した場合は（⑧）、次の機能を実行することができます。

会員認証の結果、認証失敗であった場合は（⑨）、引き続き会員認証機能の処理が続き、もう一度会員認証画面が表示され、再度会員情報の入力を求める形になります。

このような流れで業務が行われていることを業務フロー図から確認できます。

実際のシステムでは、会員情報を入力する際に入力された文字が不正、例えば使ってはいけない記号が混ざっていたり、文字数が適切ではなかったりなどのチェックの処理なども行われると考えられます。また、認証失敗した時は会員認証画面にエラーメッセージが表示される機能や、データベースのトラブル等のシステム側のエラーでエラー画面が表示される等の機能も考えられます。ただ、業務の流れを確認できることが優先される業務フロー図ではそこまで詳細に記載せず、後の工程で詳細がすることが一般的です。よって、ここでは全ての処理が記載されているわけではなく、基本的なシステムの流れが記載されています。

■ 現在のシステムの業務フロー図（会員認証機能）

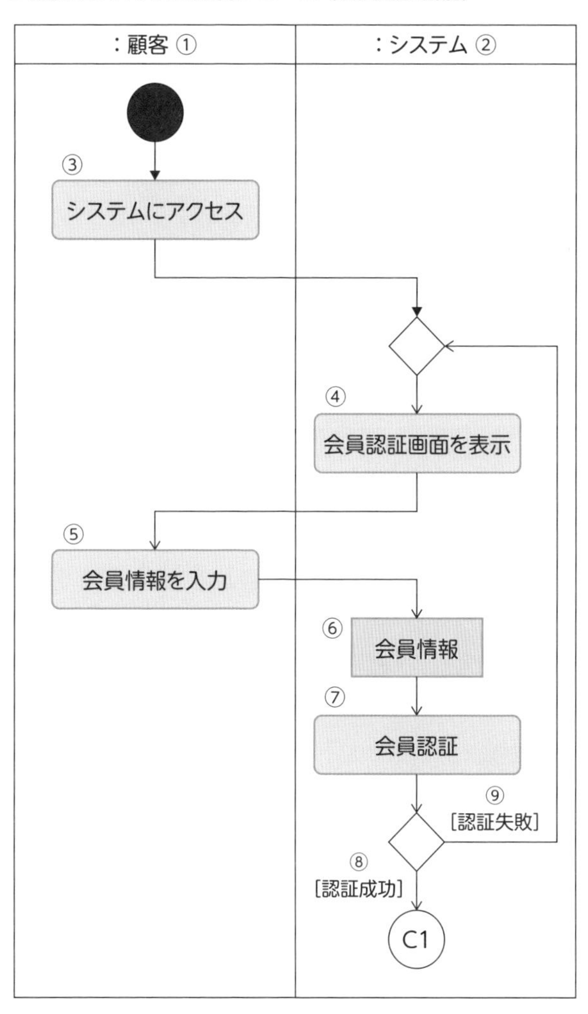

ボトムアップアプローチによる情報収集②

左記はユーエムエルスポーツからボトムアップアプローチで収集した情報になります。左記の現在のシステムの業務フロー図からは、現行のシステムの商品選択機能の流れについて確認することができます。

商品選択機能は顧客が会員認証後に実行することができる商品を一覧から選択しカートに入れる機能です。

この機能に関連するのはシステム（①）とシステムを利用する顧客（②）になります。

機能の流れとしては、始めに、システムは商品一覧画面を表示します（③）。表示された画面で、顧客が商品を選択すると（④）、システムは選択された商品情報を受け取ります（⑤）。

次に、システムはそのデータを使って該当する商品の購入画面を表示します（⑥）。表示された画面で、顧客が購入する個数を入力し、カートに追加ボタンを押すと（⑦）、システムは商品購入情報のデータを受け取ります（⑧）。

次に、システムはそのデータを使って顧客が購入する商品をカートに追加します（⑨）。その後、システムはカートの画面を表示します（⑩）。顧客はカートの画面を確認し、購入したい商品が全てカートに入っていることが確認できたら、次の機能に進みます（⑪）。

顧客がカートの画面を確認した結果、まだ購入したい商品がある場合は（⑫）、商品一覧ボタンをクリックして（⑬）、商品一覧画面の表示の処理に戻ります。

このような流れで業務が行われていることを業務フロー図から確認できます。

ここでは、カートに入れる個数を入力する際にキャンセルボタンなどが押されて追加を行わない機能なども考えられますが、省略されています。

■現在のシステムの業務フロー図（商品選択機能）

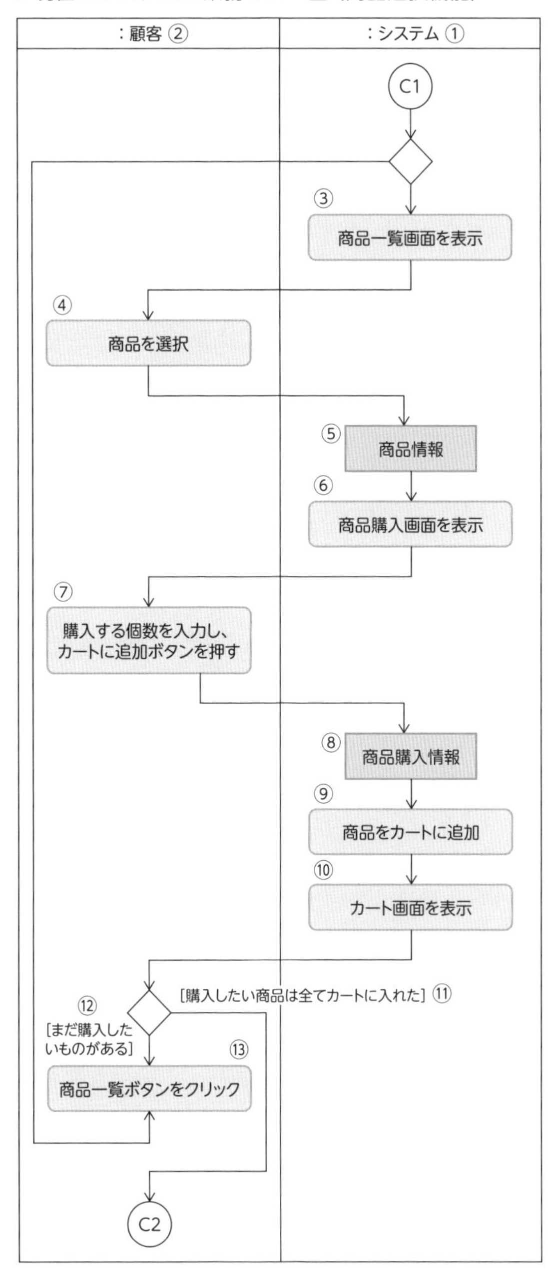

ボトムアップアプローチによる情報収集③

左記はユーエムエルスポーツからボトムアップアプローチで収集した情報になります。左記の現在のシステムの業務フロー図からは、現行のシステムの商品購入機能の流れについて確認することが出来ます。

商品購入機能は顧客が商品選択後に実行できる、カートに入れた商品を購入する機能です。

この機能に関連するのはシステム（①）とシステムを利用する顧客（②）と商品を発送するユーエムエルスポーツの発送部門（③）になります。

機能の流れとしては、始めに、商品選択機能で最後に表示されていたカート画面で、顧客は支払い方法と発送方法を選択し、購入ボタンをクリックします（④）。システムはカート情報のデータを受け取り（⑤）、そのデータを購入確認画面に表示します（⑥）。顧客は表示された画面を確認し、購入確定ボタンをクリックします（⑦）。システムは確定された顧客の購入情報を受け取ります（⑧）。

次に、システムは受け取った購入情報を基に決済を実施します（⑨）。その後、購入確定画面を表示します（⑩）。更に、発送依頼（⑪）を、発送先情報（⑫）を用いて発送部門に行います。発送部門では発送先情報を基に発送を行い（⑬）、顧客は発送されてきた商品を受け取ります（⑭）。

このような流れで業務が行われていることを業務フロー図から確認できます。

ここでは、購入確定ボタンをクリックするのではなくキャンセルボタンをクリックして購入確定しない機能なども考えられますが、省略されています。本書では、以降の説明を補足するために、この粒度の業務フロー図を記載しましたが、実際は場合によってより細かい粒度で記載されたり、より荒い粒度で記載されたり、あるいはその両方を記載されたりします。また、このようなアクティビティ図にはなっておらず、文章や箇条書きで記載されていることもあります。

■ 現在のシステムの業務フロー図（商品購入機能）

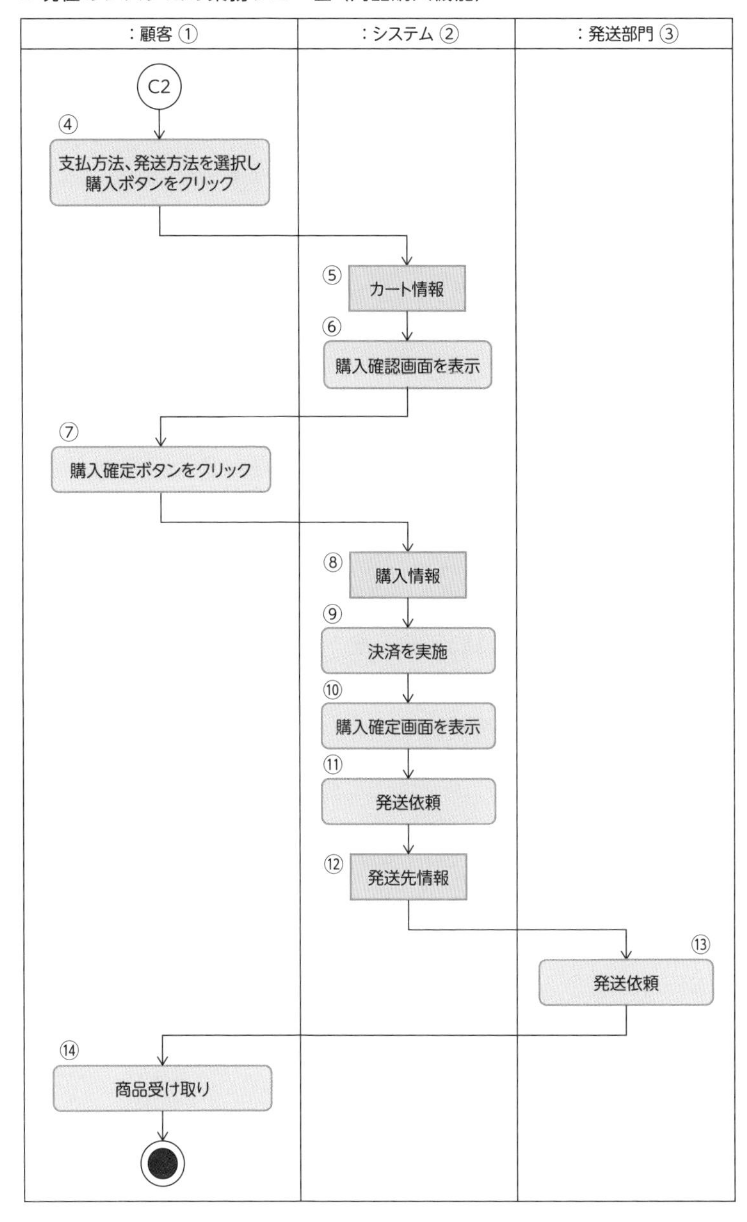

05 業務分析

業務分析ではシステム化対象の業務はどのようなものかの分析を行います。ここでは、仮想のシステム開発の例で分析方法を学んでいきましょう。

業務分析とは

業務分析では、**システム化対象の業務を整理**していきます。トップダウンアプローチで収集した情報から、大まかな業務について理解します。更にボトムアップアプローチ等によって収集した情報から、業務がどのような手順で、どのようなデータを用いて行われているのか、システム化後はどのように行われるようになるのかをモデリングし図で示します。

業務分析では業務の整理は業務概要図や業務フロー図等を使って行います。これらの図は詳細に記載するのではなく、概要が分かるように抽象的に表現することが多いです。業務概要図は業務の関係性を示し、業務フロー図は業務の手順を示します。

業務分析における業務概要図

業務分析における業務概要図を、コミュニケーション図（6-01参照）を用いて表現します。コミュニケーション図は通常インスタンスの相互作用のような詳細な設計時に用いられますが、ビジネスコンテキストや業務の概要を表す際にも活用できます。

ここでは、システム化前のオーダーメイド商品販売の概要構成について記載します。顧客がオーダーメイド商品を発注するとスタッフと工場と発送部門が連携して商品を製造し、発送するまでの流れをコミュニケーション図で表現しております。コミュニケーション図を用いてキャンセルの流れなども1つの図で表現することは可能ですが、要件定義においては顧客に説明するために簡単な図にすることが望ましいです。よって複雑な分岐やイベント駆動処理などは記載せず、複数の図に分けるなどが一般的です。会員の認証や商品の状況確認やキャンセルについては省略し、オーダーメイド商品の販売業務の通常の流れに絞って記載しております。

■ システム化前のオーダーメイド業務の関係

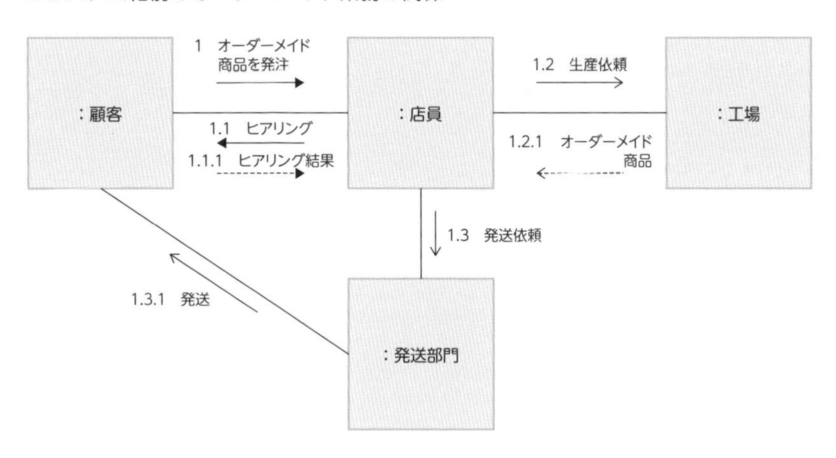

業務分析における業務フロー図（商品選択）

業務分析における業務フロー図を、アクティビティ図（5-02参照）を用いて表現します。ここでは、要求の収集によって得られたシステム化前のオーダーメイド商品販売の流れについて記載します。

アクティビティ図を用いてキャンセルの流れなども1つの図で表現することは可能ですが、要件定義においては顧客に説明するために簡単な図にすることが望ましいです。よって複雑な分岐やイベント駆動処理などは記載せず、複数の図に分けるなどが一般的です。ここでは基本的な流れだけ紹介します。

オーダーメイド業務追加により、顧客が選択した商品がオーダーメイド商品であった場合に実行される、新たな機能が追加されます。

従来の処理の流れは、顧客選択した商品の情報を、システムが商品購入画面に表示するだけのものでした。

■ オーダーメイド業務追加前の商品選択の流れ

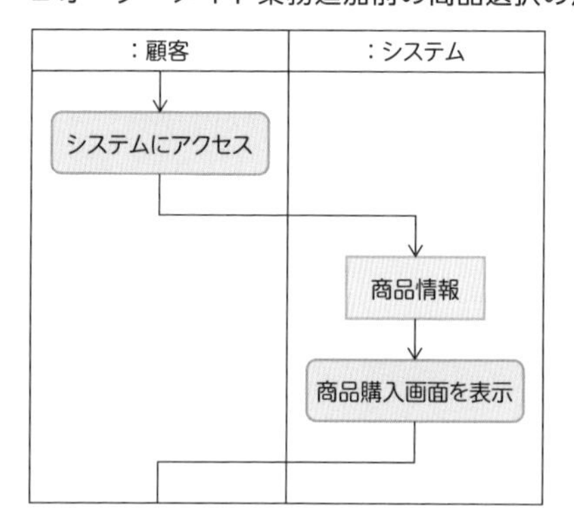

一方、本開発では顧客が選択した商品がオーダーメイド商品かどうかの確認を行います（①）。オーダーメイド商品ではなかった場合（②）、従来の処理の流れと同じように商品購入画面を表示して終了します（③）。オーダーメイド商品であった場合（④）、オーダーメイド商品入力フォーム画面を表示します（⑤）。更に、ユーザがフォームに入力して送信ボタンを押すと（⑥）、入力されたオーダーメイド商品カスタム情報がシステムに渡されます（⑦）。システムはそれを記載したフォーム確認画面を表示します（⑧）。ユーザが画面上の確定ボタンを押すと（⑨）、システムはオーダーメイド商品カスタム情報を保存し（⑩）、商品購入画面を表示します。

この処理の流れをアクティビティ図で表します。

■ オーダーメイド業務追加後の商品選択の流れ

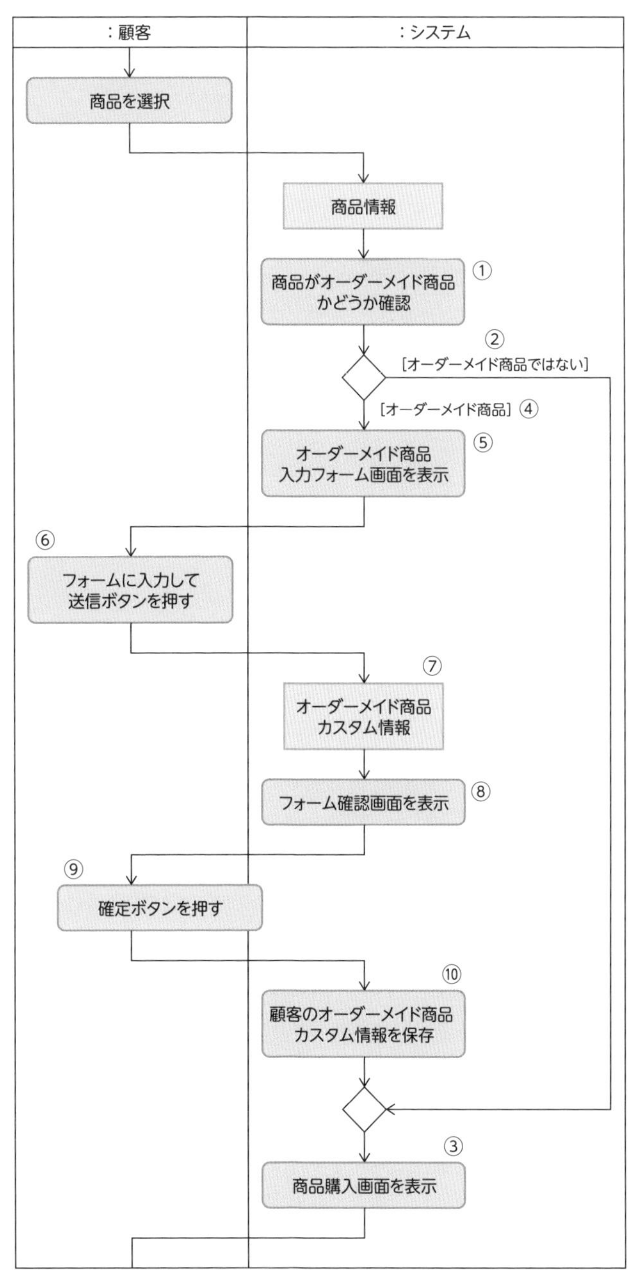

業務分析における業務フロー図（商品購入確定）

オーダーメイド業務追加により、購入情報の中にオーダーメイド商品が含まれていた場合に新たな機能が追加されます。また、従来はシステムには関係しなかった店員によるシステムの利用の機能も追加されています。従来の処理の流れは、購入情報を元に購入画面を表示し、発送依頼を行うだけでした。

■ オーダーメイド業務追加前の商品購入確定の流れ

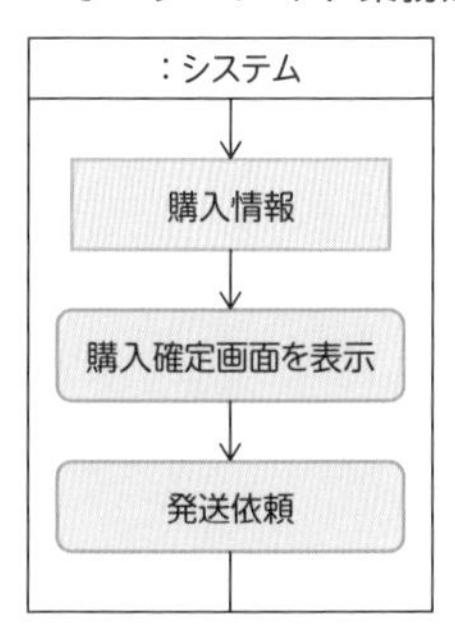

一方、本開発では、購入画面を表示した後にカートにオーダーメイド商品を含むかどうかの判定を行い、オーダーメイド商品だった場合、工場（①）と店員（②）と連携して業務を進めます。オーダーメイド商品を含まない場合（③）、従来通り発送依頼をして終了します（④）。一方、オーダーメイド商品を含む場合（⑤）、システムはオーダーメイド商品の仕様書を生成し生産依頼（⑥）をオーダーメイド商品の仕様書（⑦）を用いて工場に行います。工場では仕様書に従って商品を生産し、発送します（⑧）。発送されたオーダーメイド商品（⑨）は店員の元に送られます。店員はまず、システムにアクセスします（⑩）。システムは仕様書確認機能のログイン画面を表示し（⑪）、店員が仕様書番号と社員番号とパスワードを入力し（⑫）、ログインします。ログインされたシステムは仕様書確認画面を表示します（⑬）。店員は仕様書とオーダーメイド商品を確認し（⑭）、問題がなければ（⑮）、確認完了を入力して（⑯）、システムは発送依頼します。問題があった場合は（⑰）、仕様書に修正コメントを追記し（⑱）、修正したオーダーメイド商品仕様書で、再度工場で生産し直します。

■ オーダーメイド業務追加後の商品購入確定の流れ

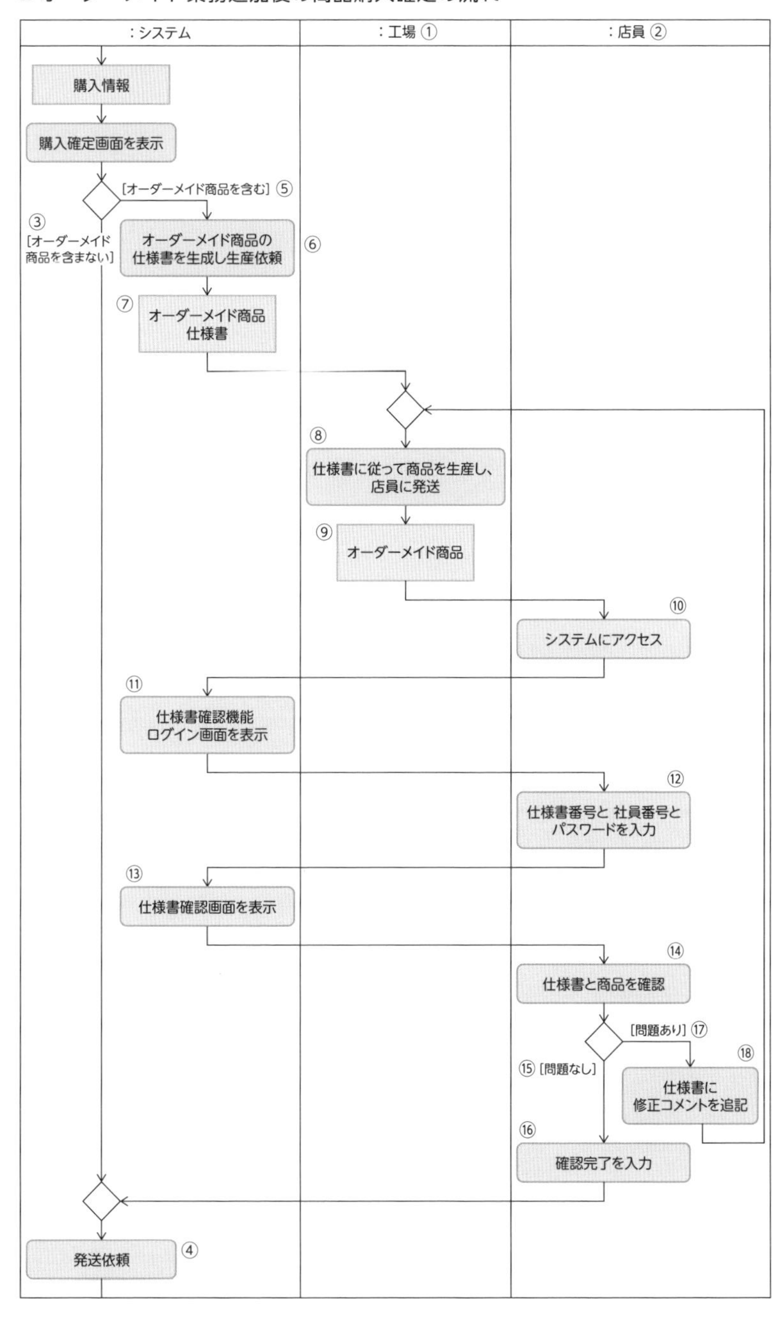

06 ユースケース分析

ユースケース分析ではシステムの利用方法はどのようなものかを分析します。ここでは、仮想のシステム開発の例で分析方法を学んでいきましょう。

ユースケース分析とは

ユースケース分析とは、システムの利用者とシステム化の範囲と使い方（機能）について行う分析です。機能定義図を使って**システム化する対象範囲と使用できるユーザを明確**にします。また、オブジェクト状態図や画面遷移図によってシステムの使い方を明らかにしていきます。

加えて、機能定義図で定義した機能について、記述するユースケース記述を作成し、ロバストネス分析を行って、その後の分析や設計に繋げていくこともあります。また、画面遷移図で定義した画面に対して簡単なイメージを表す画面設計書を作成することもあります。

ユースケース分析における機能定義図

ユースケース分析における機能定義図を、ユースケース図（5-01参照）を用いて表現します。ここでは、業務概要図を参考にシステムの利用者と扱う機能について定義していきます。機能定義図から、機能の一覧と今回の開発範囲を確認できます。ここでは、オーダーメイドに関わる12の機能を抽出しました。その内、オーダーメイド商品購入などの7つ機能が新規開発対象（図中赤色）です。商品購入の機能は、新たに商品確認の拡張が行われ、一般商品購入と切り分けられるため、改修対象（図中黄色）です。それ以外の機能は従来のECサイトの機能を使えるため開発の範囲外です。

新たに追加された商品購入機能の拡張ポイントである商品確認時に扱う機能が分かれます。業務フロー図にもあったように、購入するのが一般商品だけであった場合は従来の処理の流れとなる一般商品購入の機能を利用しますが、購入する商品にオーダーメイド商品が含まれていた場合、オーダーメイド商品購入の機能を利用します。新たに追加されたオーダーメイド商品購入の機能は、オーダーメイドフォーム入力の機能と決済の機能と仕様書作成の機能と生産依頼の機能を含みます。

決済の機能は従来の一般商品を購入した場合にも用いられていたものを採用します。一般商品購入の機能と決済の機能は、処理は従来のものと同様ですが、従来は商品購入の機能の一部であったため、それぞれ一つの機能として独立させる改修が必要となります。

このような機能の一覧をユースケース図で表します。

■ オーダーメイド業務システムの機能定義書

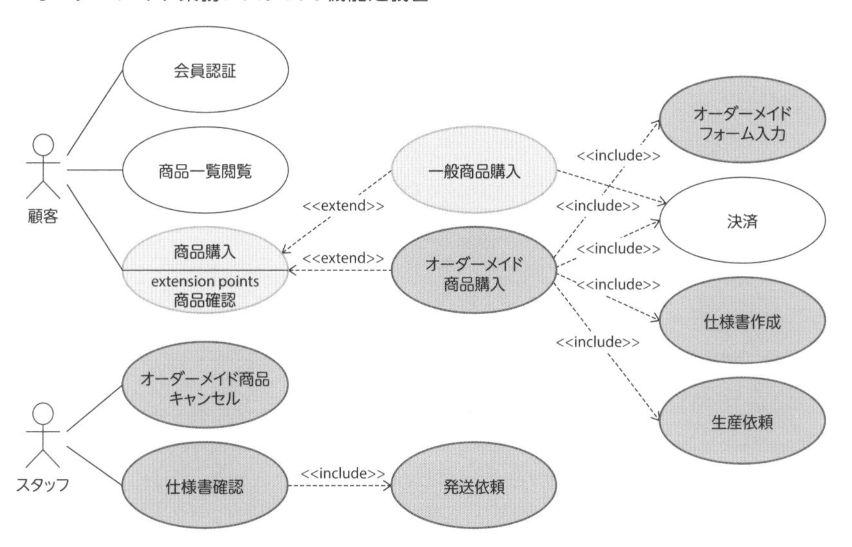

ユースケース分析におけるオブジェクト状態図

ユースケース分析におけるオブジェクト状態遷移図を、ステートマシン図（5-06参照）を用いて表現します。ここでは、業務フロー図を参考にオーダーメイド商品の状態を図で表していきます。オブジェクト状態遷移図から、オーダーメイド商品の状態の変遷を確認することができ、次の設計で定義していくこのオブジェクトのクラスにどのような属性を持たせ、どのような振る舞いでその値を変えていくのかのヒントにできます。

オーダーメイド商品の状態は、はじめに受注の振る舞いが実行されると、受注対応中発送前（①）の受注済（②）の状態に遷移するところから始まります。

受注済の状態で生産依頼の振る舞いが実行されると工場対応中（③）の生産待ち（④）の状態に遷移します。

生産待ちの状態で、生産の振る舞いが実行されると、生産中（⑤）の状態に遷移します。

そして商品完成の条件を満たすと、準備中（⑥）の状態に遷移します。その後、店員に発送の振る舞いが実行されると、工場対応中の状態からも抜け、確認の振る舞いが実行されると、確認中（⑦）の状態になります。そして、問題ありであれば、再び工場対応中の状態に戻り、修正中（⑧）の状態になります。そこで修正完了の条件を満たせば、準備中の状態に戻ります。

一方、問題なしであれば、発送の振る舞いを行い、発送中（⑨）の状態に遷移します。更に、（店員が）受取の振る舞いを行い、配達済（⑩）の状態に遷移し、オブジェクトの状態の遷移を終えます。

また、受注対応中発送前の状態でキャンセルのイベントが発生した場合、キャンセル済（⑪）の状態に遷移します。キャンセル済の状態ではキャンセル費算出の振る舞いが実行され、キャンセル費支払いの振る舞いが実行されるとキャンセル確定（⑫）の状態に遷移し、オブジェクトの状態の遷移を終えます。

キャンセル済の状態については、書き方の例を示すために状態内にイベントの振る舞いを記載する表記方法にしておりますが、本来は他と合わせるのが一般的になります。

このようなオブジェクトの状態の遷移を、ステートマシン図を用いて表します。

■オーダーメイド商品オブジェクト状態遷移図

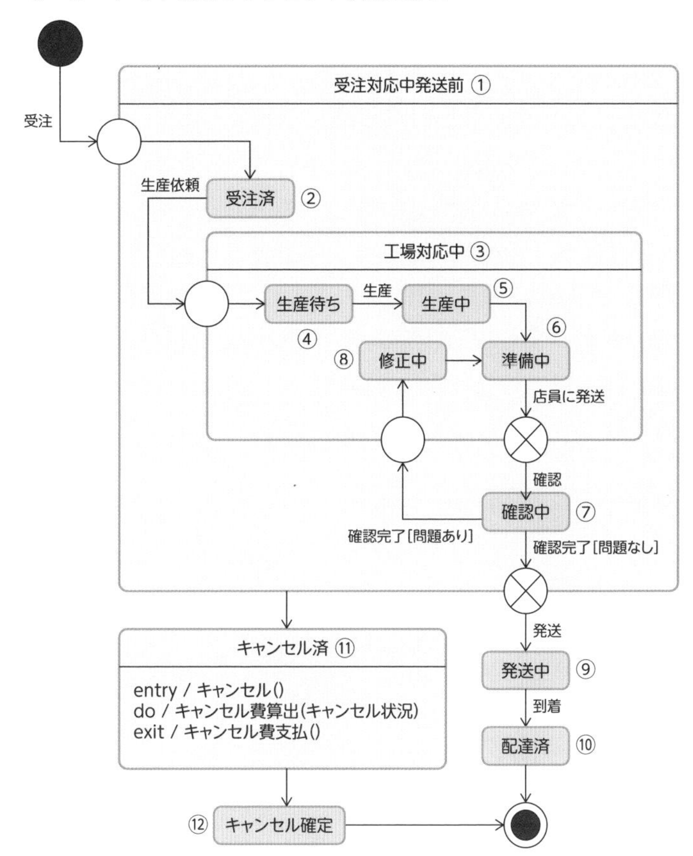

ユースケース分析における画面遷移図

ユースケース分析における画面遷移図を、ステートマシン図（5-06参照）を用いて表現します。ここでは、業務フロー図を参考にオーダーメイド商品販売の機能における画面の遷移を表していきます。

システムにアクセスすると最初に会員認証画面（①）が表示されます。認証を行い認証失敗した場合は、再度会員認証画面を表示します。一方、認証成功した場合は、ログインして商品一覧画面（②）が表示されます。更に、商品選択をすると、商品購入画面（③）が表示されます。購入せずキャンセルした場合、再度商品一覧画面が表示されます。購入した商品が通常商品だった場合、カート画面（④）を表示されます。

一方、購入した商品がオーダーメイド商品だった場合、オーダーメイドフォーム画面（⑤）が表示されます。そこでオーダーメイド商品の情報のフォーム情報を入力したら、フォーム確認画面（⑥）が表示され、内容を確定したらカート画面が表示されます。カート画面で、他の商品も購入するために一覧画面に戻ると商品一覧画面が表示されます。カートに入った商品を購入すると、購入確認画面（⑦）が表示され、購入確定すると購入確定画面（⑧）が表示されます。

このような画面の状態の遷移を、ステートマシン図を用いて表します。

■ オーダーメイド業務システム画面遷移図

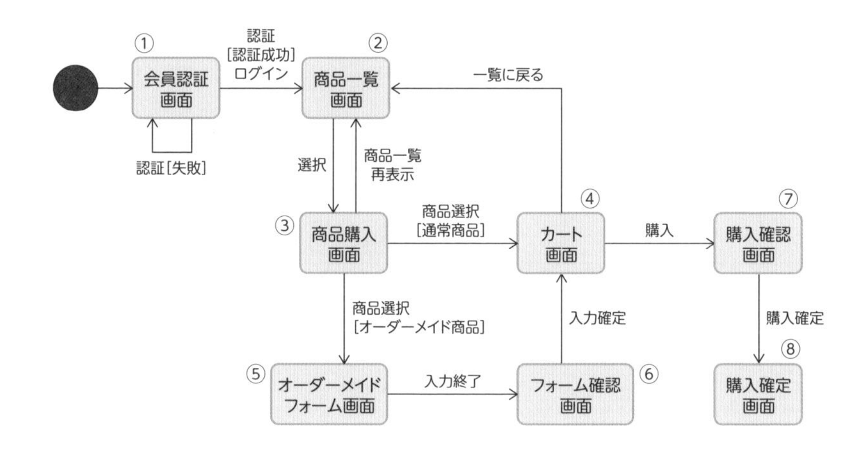

まとめ

- ユースケース分析ではシステムの利用者と機能を分析する
- ユースケース分析はシステムの要件や使い方を定義する

9章

設計における UMLの作成

この章ではUMLを用いたシステム開発における設計の作業例について紹介していきます。設計においては、要件定義で定義した仕様を抜け漏れなく高い品質で実現するために、設計者間で共通認識を持って抜け漏れなく作業を行います。また、次の製造工程に向けて製造の方法をまとめます。そのために、UMLなどの図を用いて設計作業者間や製造者に分かりやすい図を作成することは重要です。設計におけるUMLの作成についてスポーツ用品店のシステム開発のプロジェクトの例を通して学んでいきましょう。

01 ハードウェアアーキテクチャ設計

ハードウェアアーキテクチャ設計では、ハードウェアも含むシステム構成を設計します。ここでは、仮想のシステム開発の例で設計方法を学んでいきましょう。

ハードウェアアーキテクチャ設計とは

ハードウェアアーキテクチャ設計とは、**システムを構成するハードウェアやソフトウェア及びそのインターフェースの全体像や関係性などを策定していく設計作業**です。

具体的には、要件定義で定まった仕様を実現するため、にシステムをどのようなソフトウェアをインストールしたハードウェアの構成で構築する必要があるのかを考えていきます。例えば、ユースケース分析で定義されたシステムを利用するアクタが、それぞれ遠隔地にいる場合、1台のPCにソフトウェアを実装するだけでは、要件を実現することができません。遠隔地からでも利用できるサーバを立ててネットワークを構築する必要があります。

ハードウェアアーキテクチャ設計における基盤図

アーキテクチャ設計における基盤図を、配置図（4-10参照）を用いて表現します。今回の開発ではWebシステムの改修になるので、Webシステムの構成を表現します。この図からシステムの全体像を把握することができます。

また、ライブラリなどの配置する場所やその依存関係を整理し、環境構築の作業を助けます。

■ 配置図を使ってハードウェアの構成及びインターフェースを策定

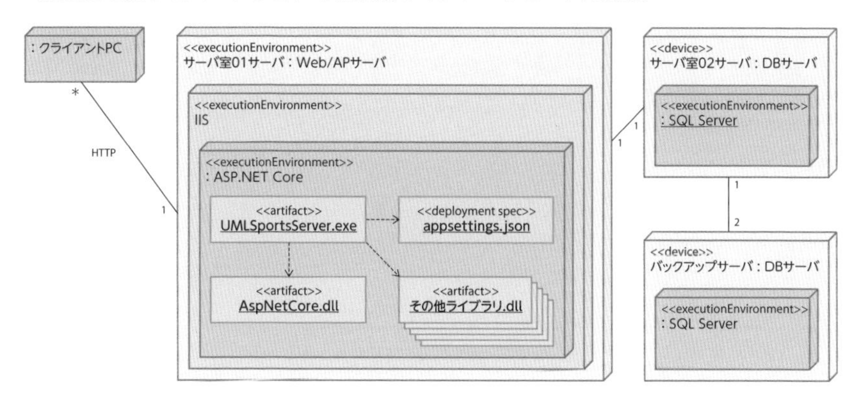

Webシステムには Webサーバ、アプリケーションサーバ、DBサーバという3つの役割を分けて運用する3層構造と呼ばれるWebアプリケーションの設計方法が有名ですが、ここではIISと呼ばれるWebサーバとASP.NET Coreを実装したアプリケーションサーバをWeb/APサーバとして1台のデバイスに配置し、DBサーバにはSQL Serverを採用します。いずれもMicrosoft社の製品であり、相性が良く、一緒に扱うことが多いです。

システムを利用するクライアントはHTTPの通信を介してWeb/APサーバにアクセスし、DBサーバとも連携していることを表します。また、データのバックアップとしてもう一台DBサーバを用意されていることが分かります。

近年は仮想化の技術の発展により、このような配置もソフトウェア上で仮想的に行われることも多いです。

まとめ

- ハードウェアアーキテクチャ設計はハードウェアやそこに配置するソフトウェアを設計する
- ハードウェアアーキテクチャ設計は既存の設計技法を参考に行うことがある

02 ソフトウェアアーキテクチャ設計

ソフトウェアアーキテクチャ設計では、実装するソフトウェアの構成を設計します。ここでは、仮想のシステム開発の例で設計方法を学んでいきましょう。

ソフトウェアアーキテクチャ設計とは

ソフトウェアアーキテクチャ設計とは、**システムを構成するソフトウェアの要素の全体像及びその関係性などを策定していく設計作業**です。具体的なクラスの設計などの前に、コンポーネントレベルでシステムのソフトウェアの構成や実行の大まかな流れなどを設計していきます。

ソフトウェアアーキテクチャ設計を行わずに、クラスなどの具体的な設計に入ってしまうと、似たような機能を持ったクラスを複数作成してしまうこと、クラスの設計方法にばらつきが出てしまうこと、依存関係が複雑になってしまうことなどが起こりえます。ソフトウェアアーキテクチャ設計によって全体の構成を先に作ることで、無駄なく品質の高いソフトウェアを開発できます。

ソフトウェアアーキテクチャ設計における基本コンポーネント図

アーキテクチャ設計ではコンポーネント図（4-08参照）を用いてソフトウェアの構成及びインターフェースを表現します。

ここでは、Webアプリケーションの開発でも用いられるドメイン駆動設計というソフトウェアの設計技法に基づいて、ASP.NETのフレームワークを用いてUMLスポーツのシステムのコンポーネントの設計をコンポーネント図で示します。

■基本コンポーネント図によってシステムのソフトウェア構成を表現

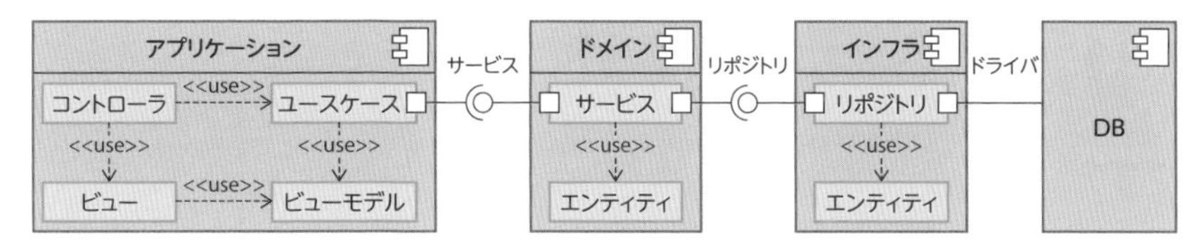

ソフトウェアアーキテクチャ設計における基本シーケンス図

アーキテクチャ設計ではシーケンス図（6-03参照）を用いて、複数の機能に共通して実行される処理の流れなどを表現します。基本コンポーネント図を元にライフラインを作成し、処理の基本的な流れを定義していきます。

■基本シーケンス図によってシステムの基本的な処理の流れを表現

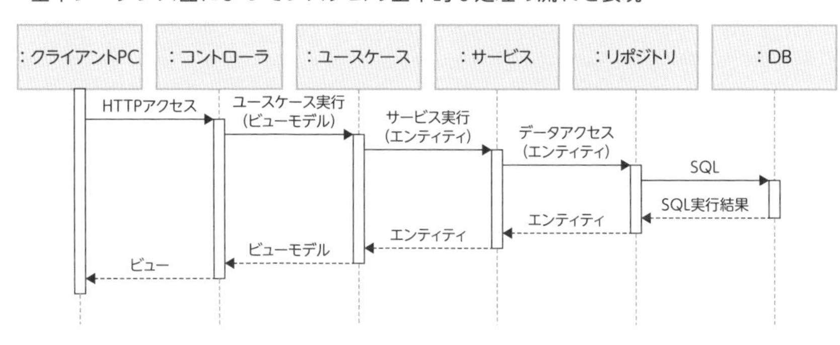

まとめ

- ソフトウェアアーキテクチャ設計はソフトウェアを構成する要素の全体像を設計する
- ソフトウェアアーキテクチャ設計は既存の設計技法やフレームワークを用いて行うことがある

03 クラス設計

クラス設計では、システム化対象のオブジェクトからクラスを設計していきます。ここでは、仮想のシステム開発の例で設計方法を学んでいきましょう。

クラス設計とは

クラス設計とは、**システム化対象の業務からオブジェクトを抽出していき、システムを動作させるのに必要なクラスを定義していく設計**です。

オブジェクトは要件定義で分析した情報を元に抽出し、クラスはアーキテクチャ設計で定義した構成やインターフェースに従ってオブジェクトをクラス化していきます。実際にクラスを製造していく参考にしていくため、最終的には具体的な設計にします。

クラス設計におけるクラス図

クラス設計では、クラス図（4-03参照）とパッケージ図（4-06参照）を使って機能毎にクラスやその関係の定義を行います。

初めに、ソフトウェアアーキテクチャ設計における基本コンポーネント図（9-02参照）に従い、クラスとインターフェースを定義していきます。エンティティなどは扱うモノの情報をオブジェクト、クラスにしていきます。DBに永続的に保存する情報はインフラに配置していきます。また、機能や業務のアクションなどのコトも、ユースケースやサービスとしてクラスにしていきます。

今回は属性や振る舞いの記載は省略しております。

■ オーダーメイドフォーム入力機能のクラス図

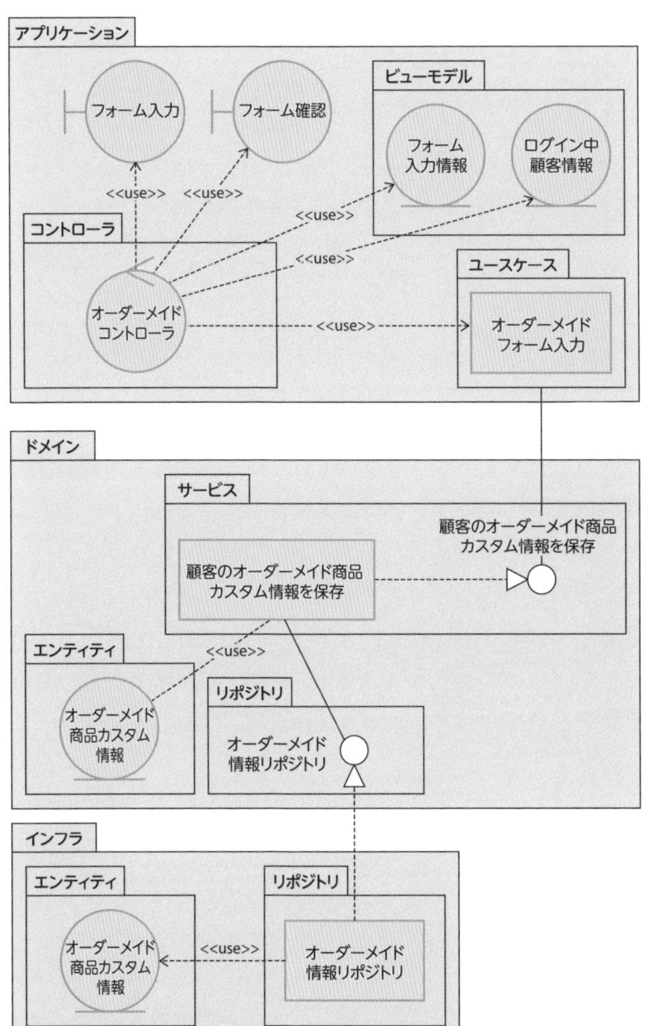

- クラス設計ではシステムに用いるクラスの静的構造を定義していく

9 設計におけるUMLの作成

04 相互作用設計

相互作用設計では、インスタンス間でのメッセージ呼び出しの流れを定義していきます。ここでは、仮想のシステム開発の例で設計方法を学んでいきましょう。

相互作用設計とは

相互作用設計とは、**クラス設計で定義したクラスから生成したインスタンスがどのような流れでメッセージを出し、動作していくことで機能を実現していくのかを定義する設計**です。実際にソフトウェアのメソッドの中でメソッドを呼び出していく処理を設計していきます。

オブジェクト指向のプログラミングにおいては、1つのメソッドに複雑なアルゴリズムを実装することは基本的には避け、メソッドの呼び出しによってほとんどの処理が完結するように定義していきます。このため、相互作用設計はメソッドの製造において参考にすることができます。

相互作用設計におけるシーケンス図

相互作用設計では、シーケンス図（6-03参照）を使って、ユースケース分析の機能一覧図（8-06参照）で割り出した機能毎にインスタンス間のメッセージの流れを定義します。

シーケンス図で用いるライフラインのインスタンスはクラス図を参考に作成します。処理の流れは業務フロー図（8-04参照）を参考にメッセージの流れを表現します。今回は基本シーケンス図（9-02参照）で基本的な処理の流れを定義しているので、その流れに当てはめて設計していくことができます。

ここでは、オーダーメイド商品の情報を入力し確定する、オーダーメイドフォーム入力機能の相互設計を、シーケンス図を用いて行います。

■ オーダーメイドフォーム入力機能のシーケンス図

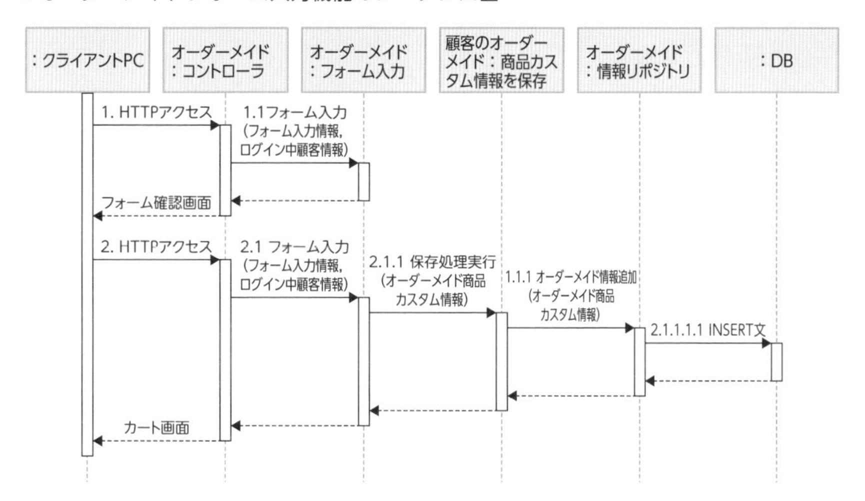

まず、HTTP通信によるオーダーメイド商品購入のアクセスを受け取り、そのURLなどからオーダーメイド業務を取り扱うオーダーメイドコントローラのインスタンスの振る舞いが呼び出されます。更にオーダーメイドフォーム入力機能を取り扱うインスタンスの振る舞いが呼び出されます。そこで入力値の検証などの処理が行われた後、フォーム確認画面をクライアントPCに表示します。

更に、クライアントPCからHTTP通信によるオーダーメイドフォームの確定の振る舞いが呼び出されます。そこからオーダーメイドフォーム入力の機能を取り扱うインスタンスの振る舞いが呼び出されます。更に、顧客のオーダーメイド商品カスタム情報を保存する処理を行うインスタンスが呼び出され、オーダーメイド情報をDBに保存する処理を行うインスタンスが呼び出され、DBにデータが保存されます。それぞれの処理が順次完了したらカート画面が表示されます。

フレームワーク

近年、システムの設計を行う上で、フレームワークの活用は非常に重要なものとなっています。要件定義によって明らかにしていくシステムの要件は顧客などによって様々ですが、その要件をどのように解決していくのか？という方法を明らかにしていく設計はある程度決まった方法に当てはめられることが多いです。この「ある程度決まった方法」のことをフレームワークといいます。フレームワークには、パターンの考え方が実現されているなど様々な工夫がされた方法になっています。このフレームワークを用いることで、何もない所から設計しなくても良くなり、開発者の負担を下げます。また、開発者のスキルによるばらつきも抑え、品質の向上にも貢献します。

フレームワークの役割は設計の方法だけでなく、決まった方法に沿って製造することで、利用することができる便利な機能が用意されているものもあります。例えば、ASP.NETのフレームワークでは、Controllerというクラスを継承することで、HTTP通信を用いてURLで指定したメソッドを実行させられるクラスを作ることができます。

こういった利用することで便利なクラスなどの機能が提供されるものというと、ライブラリというものも同じです。フレームワークとライブラリとの違いは、処理を利用されるのか、利用するのかの違いといえます。ライブラリは自分の作ったプログラムから呼び出して利用しますが、フレームワークはフレームワークで用意されたプログラムから自分のプログラムが呼び出される形になります。

基本的な処理の流れはフレームワークが管理し、それぞれの要件を満たすためのシステム固有の機能を開発する形になります。このため、フレームワークを用いる場合、アーキテクチャ設計などの構成は似たような形になります。利用するフレームワークを知っている人であれば、簡単に設計することができ、場合によっては省略することも可能で、0から作る場合に比べて、非常に工数を少なくできます。

近年の開発チームにおいてはフレームワークを用いることが前提となっていることもあるプロジェクトへの参画条件などにもフレームワークの知識が前提とされることもあります。自分の取り組みたい分野のフレームワークなどは、是非、学び、身に着けていけるとよいでしょう。

10章

製造／試験における UMLの活用

この章ではUMLを用いたシステム開発における製造・試験の作業例について紹介していきます。製造においては、設計で定義した方法に従い抜けや誤解のないように正確に作業を行います。そのために、これまでに作成したUMLの図などを用いて設計を読み解いていくことが重要です。試験においては、システムが設計、仕様通りなのかを検証するための試験項目を作成し、実施します。そのために、これまでに作成したUMLの図などを用いて適切な項目を作成していくことが重要です。製造・試験におけるUMLの活用についてスポーツ用品店のシステム開発のプロジェクトの例を通して学んでいきましょう。

01 プログラミング

プログラミングでは、ソースコードをコーティングし、実行可能な状態にビルドします。ここでは、仮想のシステム開発の例で製造方法を学んでいきましょう。

クラス図から各クラスとメンバーをコーディング

クラスや処理を定義したプログラムを記述していくことをコーディングといいます。クラス設計におけるクラス図（9-03参照）に記載されたクラスとメンバーを定義していきます。クラス図に記載したクラス名のクラスを作成し、その中に属性をフィールド、振る舞いをメソッドとして定義を作成していきます。

■ C#言語におけるクラス図からのクラスのコーディング

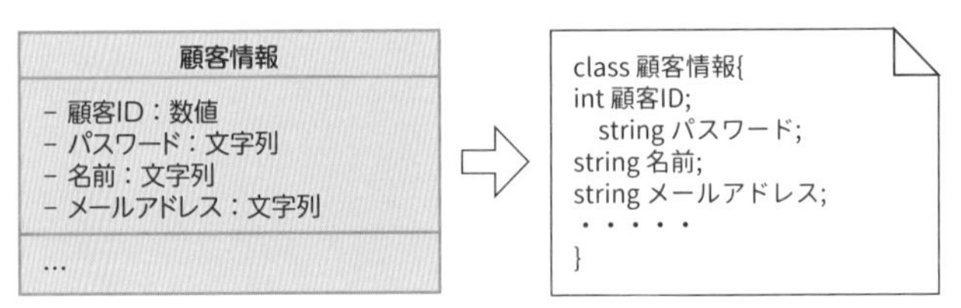

シーケンス図からメソッドをコーディング

相互作用設計におけるシーケンス図（9-04参照）に記載された振る舞いの流れを、定義したメソッドの中に作成していきます。また、メソッド毎に行う単体試験も作成していきます。

■ C#言語におけるシーケンス図からのメソッドのコーディング

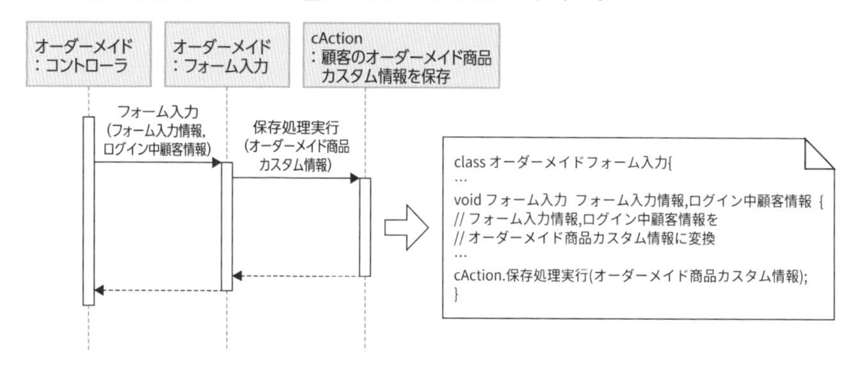

ソースコードをビルド

作成したソースコードなどを実行可能な状態にすることをビルドといいます。環境に依存することがあるので、次節の環境構築を行いながら実施します。統合開発環境やビルドツールなどを使って、環境構築と同時に行うことが一般的です。

■ ソースコードなどをビルドし環境構築をして実行可能な状態に

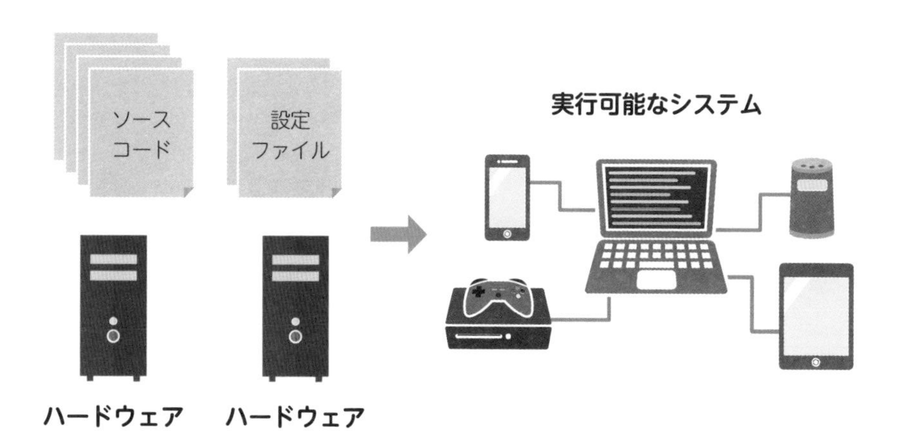

02 環境構築

環境構築ではシステムが実行環境で動作するように基盤を構築していきます。ここでは、仮想のシステム開発の例で製造方法を学んでいきましょう。

クラス図／パッケージ図からプログラムの構成構築

クラス設計におけるクラス図（9-03参照）から開発環境のフォルダ構成を構築します。パッケージを作成し、プログラミング（10-01参照）でプログラムを記載し製造したソースファイルを配置します。

ここでは、クラス図（パッケージ図）からinfraパッケージ内にentityとdaoのパッケージが格納されているので、infraフォルダの中にentityとdaoのフォルダを作成します。更にentityパッケージ内にはオーダーメイド情報のクラス、daoパッケージ内にはオーダーメイド情報DAOのクラスがあるので、それぞれに対応したクラスを記述するソースファイルを配置します。

実際の開発では、IDEなどを使い、パッケージの作成やソースファイルの配置を、プログラムの記述時に同時に行うことが一般的です。

■ パッケージの構成から開発環境のフォルダを構築

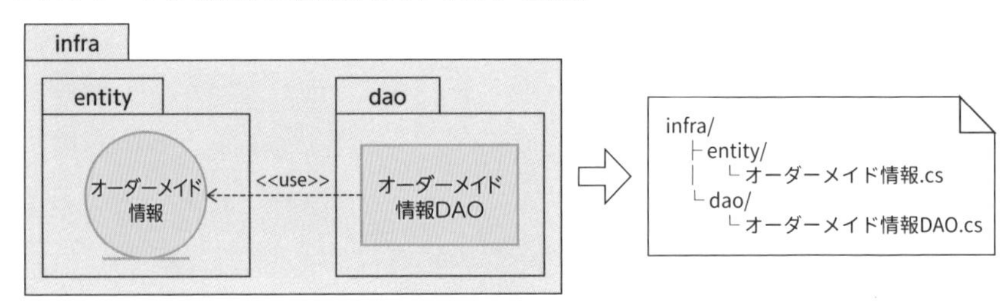

配置図からシステムのハードにビルドしたライブラリを配置

ハードウェアアーキテクチャ設計における基盤図（9-01参照）に従ってシステムを配置していきます。配置図からどのようなハードウェア及びソフトウェアを配置していくのか読み取れます。

ソフトウェアの配置は統合開発環境（IDE）やビルドツールを使うことで、更に効率的に行うことが出来ます。ここでは、配置図から様々なアーティファクトを配置することが分かりますが、手作業でファイルをビルドし、配置していくのは手間がかかります。1度の作業であればそこまで手間に感じないこともありますが、システムは試験などでバグが見つかり修正する度にビルドをし、配置をし直す必要があります。例えばVisual StudioなどのIDEには、製造から配置までを便利にサポートする機能などが備えられております。こういったツールなどを活用しながら、UMLを参考に配置を効率的に行っていけます。

■ UMLを効率的に配置

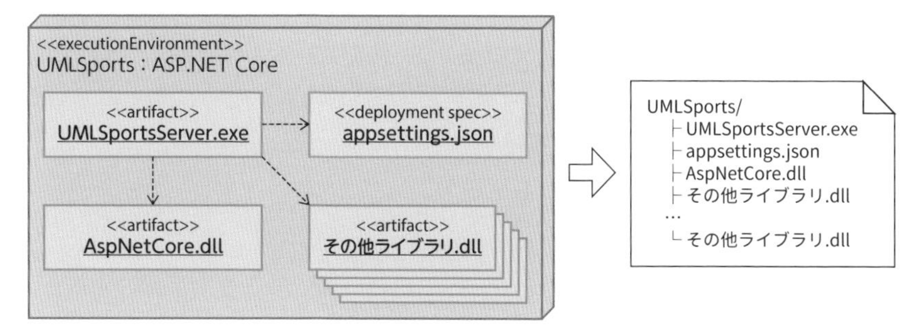

まとめ

- UMLを用いることで製造対象の構造を理解しやすくなる
- UMLを用いることでプログラミングや環境構築を効率的に行える

03 機能試験の作成

機能試験では設計した機能がシステムで実現できているか検証していきます。ここでは、仮想のシステム開発の例で試験方法を学んでいきましょう。

ユースケース図から試験対象機能を抽出

機能試験では、機能毎に試験を行っていきます。そのため、試験項目は機能定義図（8-05参照）を参考に作成していきます。新規作成の機能だけでなく、改修が行われるなど、開発によって影響を受ける可能性がある機能は、全て試験を行う必要があります。

例えば、一般商品購入の機能は従来の商品購入の機能と同じ機能であり、既に試験が行われた機能であったとしても、再度試験を行う必要があります。処理は同じでも、商品購入の機能の中で呼び出される機能になり、使われ方が変わった点などの変更点があるためです。

■ 機能試験の試験項目の抽出

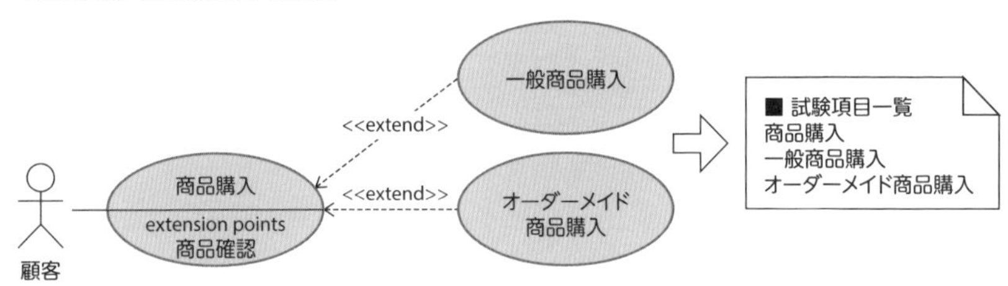

シーケンス図から試験ケースを抽出

機能試験では、相互作用設計におけるシーケンス図（9-04参照）から試験項目の機能の使い方によって試験ケースを分けていきます。そのため、機能の使い方をシーケンス図の分岐（6-05参照）などから見つけていきます。

相互作用概要図（6-06参照）を作成している場合は、分岐などが分かりやすくなるため、試験ケースを抽出しやすくなります。

■ 商品購入機能試験の試験ケースの抽出

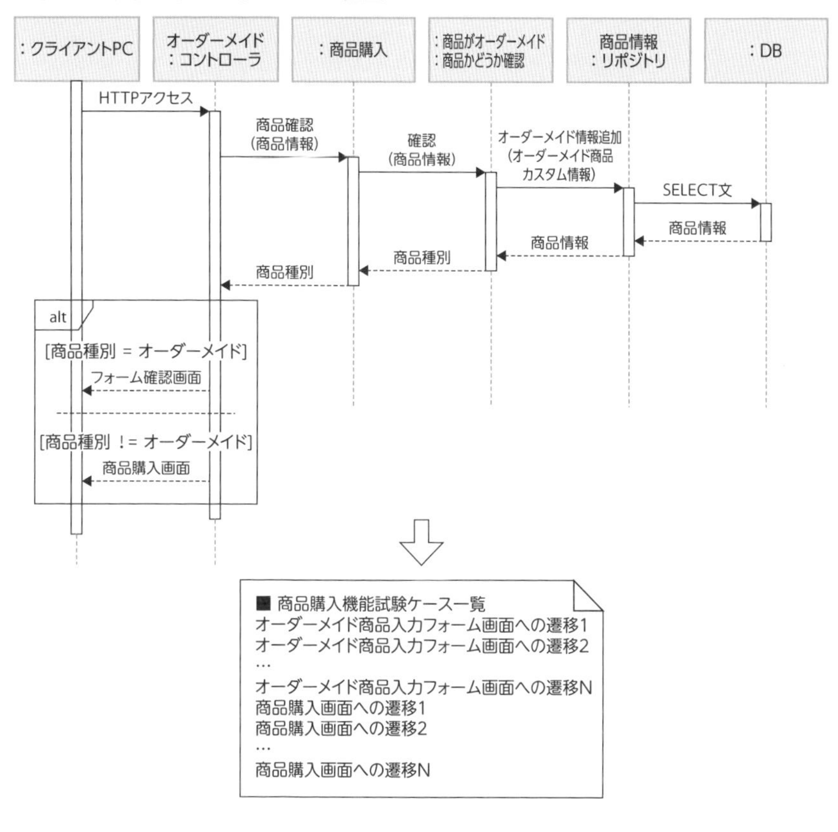

まとめ

- UMLを用いることで試験対象の機能の構造を理解しやすくなる
- UMLから機能試験の項目と試験ケースを抽出できる

04 システム試験の作成

システム試験では、定義した業務がシステムで実現できているか検証します。ここでは、仮想のシステム開発の例で分析方法を学んでいきましょう

業務概要図から試験対象業務を抽出

システム試験では、業務毎に試験を行っていきます。そのため、試験項目は業務概要図（8-05参照）を参考に作成していきます。

■ オーダーメイド業務のシステム試験項目を抽出

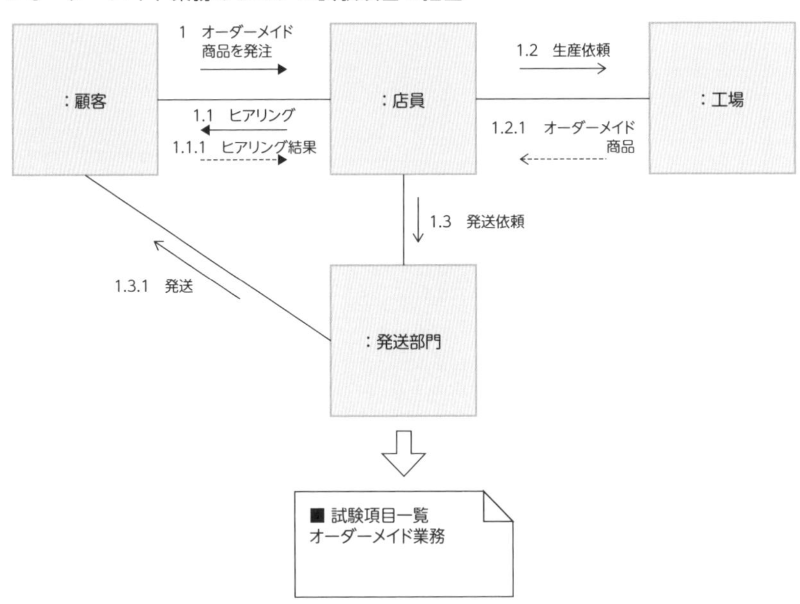

業務フロー図から試験ケースを抽出

システム試験では、業務分析における業務フロー図（8-04参照）から試験項目の業務の分岐によって試験ケースを分けていきます。

そのため、システムの使い方をアクティビティ図の分岐（5-02参照）などから見つけていきます。

■ オーダーメイド業務のシステム試験ケースを抽出

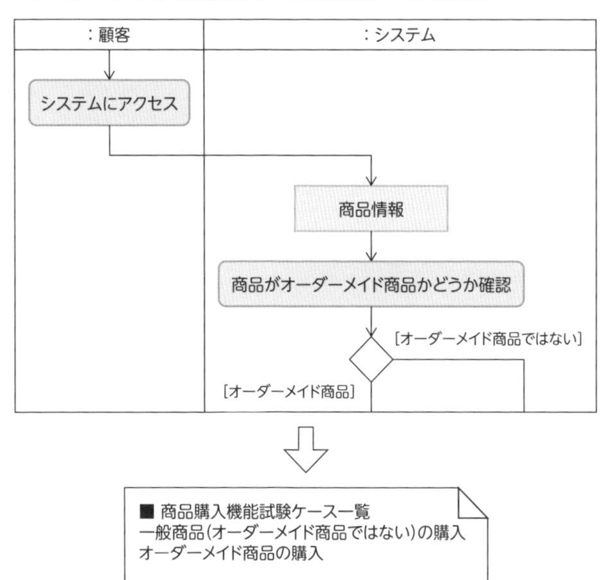

■ 商品購入機能試験ケース一覧
一般商品(オーダーメイド商品ではない)の購入
オーダーメイド商品の購入

まとめ

- UMLを用いることで試験対象のシステムの構造を理解しやすくなる
- UMLからシステム試験の項目と試験ケースを抽出できる

Appendix

01 メタモデル ～UMLの定義～

UMLの定義はUMLで作成されています。ここではUMLを定義しているUMLであるメタモデルの概要について学んでいきましょう。

メタモデルとは

メタモデルとは**モデルを定義するためのモデル**のことです。メタとは、より高い次元の、というような意味です。ここでは一段階抽象的なものとして捉えます。現実世界のオブジェクトに対してUMLはモデリングを行っているので、一段階抽象的な存在である現実世界のモデルであるといえます。

このUMLを更にもう一段階抽象的にし、UMLとはどのようなものかを定義したものがUMLのメタモデルです。UMLのメタモデルはクラス図で表現されており、UMLとはどのようなものかをクラス図で確認できます。

■ UMLのメタモデル

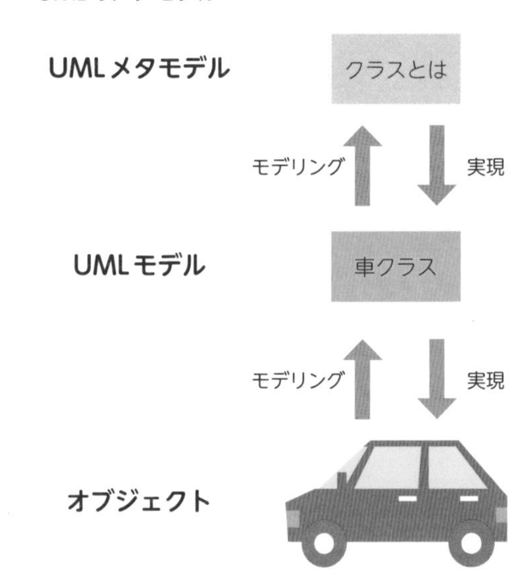

UMLメタモデルの例

UMLはUMLのメタモデルによって定義されています。メタモデルはクラス図を用いて表現されています。UMLの定義についてはOMGの公式サイトのドキュメントから確認できます。

例えば、ユースケース図のユースケース（UseCase）を説明したメタモデルのクラス図を見ていくと、拡張（Extend）や包含（Include）の関連線を使えることが分かります。

■ ユースケースの定義（公式サイトのドキュメント参照）

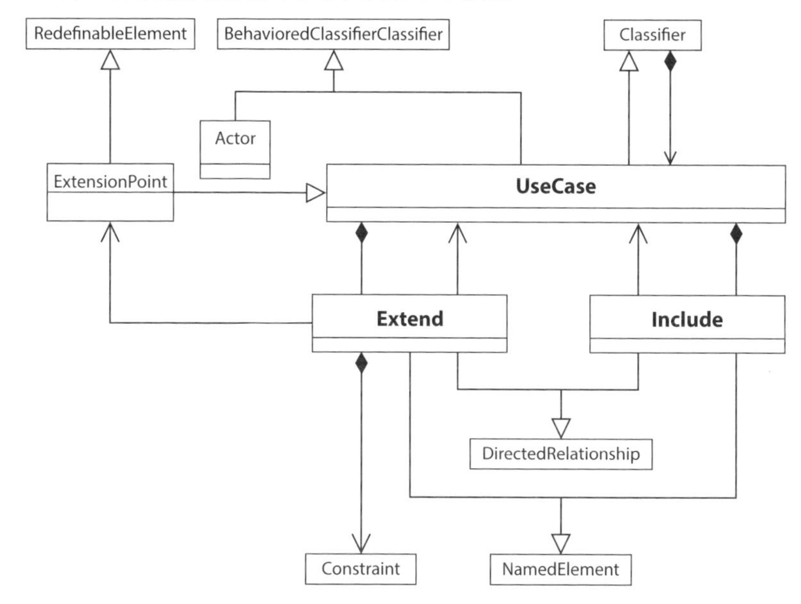

まとめ

- UMLのルールはUMLで定義されており、公式サイトにドキュメントがある
- UMLのルールを定義するUMLのモデルをメタモデルという

Appendix

02 XMI
～XML形式でUMLを表現～

UMLの図は、テキストでも定義することができます。ここでは、XMLのテキスト形式でUMLを定義するXMIについて学んでいきましょう。

XMIとは

XMIとは**XML Metadata Interchangeの略で、XML形式でメタ情報を表現する方法**です。UMLはXMIを用いてXML形式のテキストでも表現できます。

UMLは図の形式になるため、人間にとっては分かりやすいですが、コンピュータにとっては情報量が多くテキスト形式が望ましい時があります。また、テキスト形式にすることで、違うツールでもXMI形式のテキストファイルを読ませることで同じ意味のUMLを再現させることも可能です。

■ UMLからXMIを生成し、XMIからUMLを再現

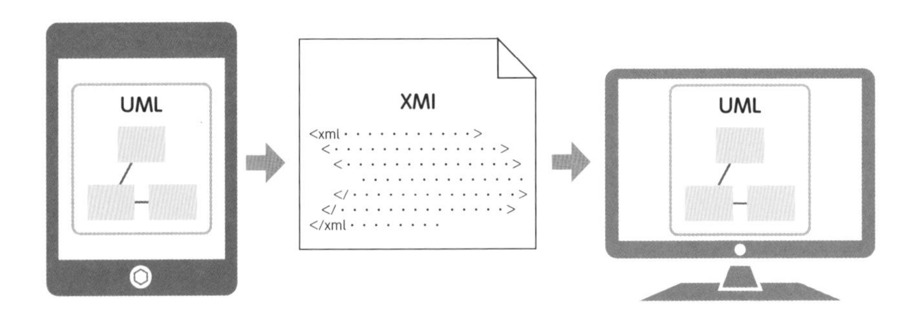

XMIの活用

XMIはXML形式で記述します。要素図形や関連線、その中の属性などをXMLの要素や属性として定義します。

■ UMLの要素図形をXMIで表現

選手
- 名前 = 文字列 - 背番号 = 整数
+ ドリブルする()

```
<packagedElement xmi:type="uml:Class" xmi:id="***" name="選手">
  <ownedAttribute xmi:id="***" name="名前" visibility="private" isUnique="false">
    <type xmi:type="uml:PrimitiveType" href="文字列"/>
  </ownedAttribute>
  <ownedAttribute xmi:id="***" name="背番号" visibility="private" isUnique="false">
    <type xmi:type="uml:PrimitiveType" href="整数"/>
  </ownedAttribute>
  <ownedOperation xmi:id="***" name="ドリブル" visibility="public"/>
</packagedElement>
```

まとめ

- **UMLはXML形式に変換することができ、XMIという**
- **XMIを用いることでデータ量の削減や様々なツールで同じUMLを扱える**

索引 Index

記号・アルファベット

あ行

か行

さ行

た・な行

は行

ま行

や・ら・わ行

おわりに

私が11年前にIT企業の新入社員として社会人キャリアをスタートした時、最初の方に取り組んだ仕事の多くがUMLを扱う仕事でした。

幸い大学の研究室で少し扱っていたため、なんとかやっていくこともできましたが、体系的な知識に乏しく、その場しのぎで苦労した覚えがあります。本書が皆様の学習に貢献し、業務をより良く行える一助となれば、何よりの幸いです。

また、本書の作成にあたり、技術評論社様でも長らくUMLの書籍を執筆されてきた河合昭男先生の書籍を拝読いたしました。

いかに分かりやすく、また興味深くオブジェクト指向やUMLの本質を伝えられるかということに執心された素晴らしい内容に感銘し、私もこれからも更に学び続けていかなければならないと感じ、改めて身の引き締まる思いでした。

河合先生や、貴重な機会を頂けました会社、お世話になった皆様にこの場を借りて感謝申し上げたいと思います。ありがとうございました。

著者プロフィール

尾崎　惇史（おざき　あつし）

法政大学にて修士（情報科学）、早稲田大学にて博士（スポーツ科学）を取得。
IT企業で音声認識エンジンの研究開発に携わる。その後、スポーツテック事業の会社を立ち上げ、センサとスマートフォンを連動させたAI・IoTシステムを開発。
プログラミング研修講師、UML研修講師を経て、現在は株式会社フルネスにてIT技術全般の教育に従事。

- 装丁 ―― 井上新八
- 本文デザイン ―― BUCH+
- 本文イラスト ―― リンクアップ
- DTP ―― リンクアップ
- 編集 ―― 原田崇靖

図解即戦力
UMLのしくみと実装がこれ1冊でしっかりわかる教科書

2022年7月8日　初版　第1刷発行

著　者　株式会社フルネス　尾崎惇史
発行者　片岡　巌
発行所　株式会社技術評論社
東京都新宿区市谷左内町21-13
電話　03-3513-6150　販売促進部
03-3513-6160　書籍編集部
印刷／製本　株式会社加藤文明社

ISBN978-4-297-12866-1 C3055　Printed in Japan

■お問い合わせについて

- ご質問は本書に記載されている内容に関するものに限定させていただきます。本書の内容と関係のないご質問には一切お答えできませんので、あらかじめご了承ください。
- 電話でのご質問は一切受け付けておりませんので、FAXまたは書面にて下記までお送りください。また、ご質問の際には書名と該当ページ、返信先を明記してくださいますようお願いいたします。
- お送り頂いたご質問には、できる限り迅速にお答えできるよう努力いたしておりますが、お答えするまでに時間がかかる場合がございます。また、回答の期日をご指定いただいた場合でも、ご希望にお応えできるとは限りませんので、あらかじめご了承ください。
- ご質問の際に記載された個人情報は、ご質問への回答以外の目的には使用しません。また、回答後は速やかに破棄いたします。

■問い合わせ先

〒162-0846
東京都新宿区市谷左内町21-13
株式会社技術評論社 書籍編集部

「図解即戦力　UMLのしくみと実装がこれ1冊でしっかりわかる教科書」係

FAX：03-3513-6167

技術評論社お問い合わせページ
https://book.gihyo.jp/116